NF文庫
ノンフィクション

倒す空、傷つく空

撃墜をめざす味方機と敵機

渡辺洋二

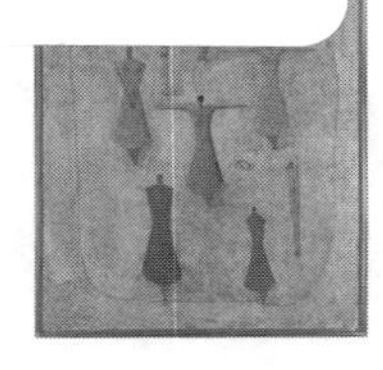

潮書房光人社

倒す空、傷つく空——目次

最強の防空部隊・三〇二空 9
——搭乗員はいかに戦死したか

伝説の赤松分隊士 39
——だれもが認める比類なき腕まえ

零式小型水偵から「雷電」へ 61
——正反対の飛行機を乗りこなして

無敵伝説へのプロローグ 77
——零戦が初めて敵を捕らえた

ラバウル上空の完全勝利 97
——大空戦に一機も失わず

最後の切り札・剣部隊　133
——決戦航空隊の編成と実戦
過負担空域に苦闘す　155
——希望的「零観神話」をぬぐい去る
ビルマから帰った操縦者　185
——戦果と性格が特進を招いた
眞崎大尉が飛んだ空　207
——陸軍リーダーパイロットの一典型
あとがき　231

倒す空、傷つく空

撃墜をめざす味方機と敵機

最強の防空部隊・三〇二空

——搭乗員はいかに戦死したか

迫りくる敵

「本土防空は陸軍航空の担当。海軍航空は鎮守府や要港など、ごく限られた区域の防空任務を行なえばいい」

この役割分担が、大正十年（一九二一年）以来の陸海軍の防空協定だった。もともと「攻撃は最大の防御」が鉄則で、艦隊決戦を第一義とし、とぼしい国力のため限られた兵力しか持てない海軍（陸軍も同じだが）が、外戦指向、すなわち進攻中心型の軍備に向かうのは自然のなりゆきだ。航空部隊の戦力もこの傾向にそって進められた。

昭和十六年（一九四一年）十二月の開戦時には、第一線用機のほとんどは外地への先制攻撃にふり向けられて、本土の海軍要地防空用に残っていたのは、内戦部隊のわずかな実用機と、練習航空隊の旧式機をふくむ練習用機だけだった。こうした状況は十七〜十八年も変わらず続く。広大な太平洋の第一線を、海軍航空はほとんど独力で支えねばならないからだ。

米軍が本来の力を発揮し始めた十七年の夏以降は、なりふりかまわず外戦部隊に補充を続け、本土要地の防空などは見向きもされなくなった。とりわけ、敵の反攻の矢おもてに立つ戦闘機戦力は、ソロモン諸島を中心とする南東方面に次から次へと投入され、日本の補給力をこえる消耗が重ねられていった。

あえぎながら外地へ戦闘機を送り続ける海軍に、一大ショックを与えたのが、昭和十九年二月十七、十八日のトラック諸島大空襲である。

連合艦隊の泊地たる、内南洋の要衝。これ以上は敵に踏みこませない不可侵領域を定めた絶対国防圏構想の、中核をなすトラックの基地群は、米第58任務部隊（空母機動部隊）が放った艦上機群に襲われた。そして、南東方面と中部太平洋方面の戦力として期待されていた、在トラックの飛行機の大半二七〇機は、二日間で残骸と化し、同諸島は海軍根拠基地から、単なる小島の群れへと落ちぶれてしまった。

トラックの基地能力をよみがえらせるには、その後衛であるマリアナ諸島の航空兵力の充実が不可欠だ。戦力補充を進める海軍が、態勢を整える前の二月二十三日、米機動部隊はマリアナのサイパン、テニアン、グアム各島を一気に空襲。日本の反撃の芽は、あっさり摘みとられた。

トラックの無力化、マリアナへの痛打によって、絶対国防圏構想は消しとんで、内南洋はもちろん、本土までも敵空軍力におびやかされる可能性が生じてきた。その第一は強大な移動基地・機動部隊の艦上機、第二は、マリアナが奪取されれば必ず進出するであろう超重爆撃機ボーイングB－29である。

昭和十九年二月当時の海軍の防空用航空戦力は、あい変わらず内戦部隊と練習航空隊のみ。このうち、一応まともな邀撃（ようげき）組織と戦闘機を持っているのは、それぞれの鎮守府に所属する横須賀航空隊、呉航空隊、佐世保航空隊の戦闘機隊だが、呉空と佐世保空は旧式機が主体のおざなり的なもので、新型機を装備する横須賀空にしても本務は実用実験だから、同一機材は多くなく、また防空だけにかまけてはいられなかった。

そのほかの邀撃戦力としては、実用機教程を受け持つ練習航空隊と、内地で錬成中の外戦用航空隊がある。しかし、前者で戦闘可能なのはひとにぎりの教官、教員だけ。後者もやがて外地へ出ていく予定が決まっているから、ともに頼みの綱とは見なしがたい。

問題がもう一つあった。以上の各航空隊は、横須賀空を除いて、いずれも装備実用機が零戦だけ、という点だ。

敵が昼に限って来てくれるならともかく、夜間爆撃をかけてくるのはラバウルやトラックで証明ずみだ。邀撃戦力が零戦のみでは、夜間の抵抗力はないに等しい。夜間戦闘機（丙戦）は横空に「月光」が少数機あるだけだから、本土の夜空はガラあきと言えた。また、昼間来襲のさいにも、相手が爆撃機なら、対戦闘機戦が本来の零戦よりも、いち早く邀撃高度まで上昇し、大威力の射弾を浴びせうる局地戦闘機（乙戦）「雷電」が欲しいところだ。

敵がねらう最大の目標は、言うまでもなく首都・東京だろう。東京〜横須賀は飛行機なら指呼（しこ）の間だし、最重要の軍港である横須賀が襲われる可能性もきわめて高い。海軍が本土に防空戦闘機隊の設置を考えた場合、横須賀周辺の地区を筆頭にかかげるのは、しごく当然だった。

横須賀の近辺にある戦闘機部隊は、追浜（おっぱま）基地とも呼ばれる横須賀基地の横須賀空を除けば、神奈川県厚木基地の第二〇三（ふたまるさん）航空隊しかなかった。まもなく北東方面の北海道、千島へ出ていく予定の二〇三空は、二月二十日付で零戦の錬成航空隊の厚木航空隊を改称した組織だ。そして、防空戦闘機部隊の胎動（たいどう）は、この厚木空で始まっていたのである。

はみ出し人間のポスト

消耗の激しいラバウル、ソロモン方面へ送る、零戦の搭乗員を養成する目的で、厚木空が新編されたのは昭和十八年四月。それから三ヵ月とたたない六月下旬に、夜間戦闘機の錬成隊を厚木空に併設する準備がスタートした。

夜戦とは、この年の五月にラバウルの第二五一（ふたごおいち）航空隊で初めて実用され、戦果をあげた双発機「月光」を示す。夜戦錬成隊の新編は、「月光」誕生の最大の功労者で、二五一空の司令だった小園安名中佐が、軍令部の航空本部に強く要請した結果と思われる。みずから発案した斜め銃を付けた、新機種・夜間戦闘機の実用性は証明されたけれども、搭乗員を養成する組織がなかったからだ。

零戦隊が訓練中の厚木基地に、「月光」や「月光」移行用の練習機がまじれば、作業に混乱をきたす恐れがある。そこで夜戦錬成隊は、千葉県にある広い木更津基地を使うよう処置され、厚木空・木更津派遣隊と呼ばれた。ただし、木更津派遣隊の夜戦搭乗員の育成は、本土防空を意識しての措置ではなく、あくまで外地での爆撃機邀撃をめざしていた。

小園中佐は昭和十八年八月下旬ラバウルから内地にもどり、九月下旬に横須賀鎮守府付に補職された。「鎮守府付」とは、「外地で疲れた身体を休めつつ、次の任務発令まで待機」を意味する。「斜め銃で戦争に勝てる」と深く信じこんでいた中佐は、木更津派遣隊の状況を横目で見つつ、その〝必勝兵器〟を積んだ「月光」の部隊を指揮する機会を待っていたに違いない。十月に入って厚木空付の辞令を受け、木更津派遣隊に自由に意見を言えるポジションについたのだった。

あらたに本土防空用の戦闘機部隊を編成する案は、すでに昭和十八年十二月～十九年一月ごろ海軍部内で検討されていたようだ。その遠因には、十八年十一月のマキン、タラワ両島の玉砕など、戦局の悪化もあったかも知れないが、大胆な推測をすれば、小園中佐の処遇をどうするかで、軍令部や人事局が困ったのが最大の要因ではないだろうか。

高度に組織化されたエリート集団は、癖の強いはみ出し人間をきらう。官僚的な機構の海軍中央部にとって、誰にでもズケズケとものを言う野人肌の小園中佐は、わずらわしい存在だった。

しかし、日華事変以来の名指揮官である中佐は、鎮守府付や錬成航空隊付といった、一時しのぎのポストでがまんし続けられるような人物ではない。成果をあげた斜め銃を駆使して、実施部隊の陣頭に立ちたかった。

小園中佐の斜め銃必勝主義は中央部でもよく知られていた。へたに外地の部隊に出せば、「零戦全機に斜め銃を付けろ」と言い出しかねない。いや、間違いなくそう主張するはずだ。

彼を司令にしても問題のない実施部隊、すぐ戦闘に加わる可能性がなく、手もとにおいて行動を監視できる戦闘機隊——つまり本土防空部隊を新編し、司令職を与えておけば丸く収まる、との考えがひねり出されて不思議はない。ひらたく言えば、やっかい払いである。

防空戦闘機部隊司令の条件を、小園中佐が喜んで呑んだかどうかは分からない。ただ、腹を決めたあとは猛烈に動き始めただろうことは、その性格から容易に想像できる。彼は人員の手配と、厚木空・木更津派遣隊の取りこみにかかった。

木更津派遣隊では一〇機以上の「月光」がそろい、水上偵察機や艦上攻撃機、艦上爆撃機の搭乗員の、夜戦への転換教育が順調に進み、この使命をほぼ果たしていた。あとは新編の防空戦闘機部隊に編入し、防空任務のかたわら教育を続行させればいい。この日あるを期して、遠藤幸男（さちお）中尉ら二五一空時代の部下を派遣隊に送りこんでいた。

トラック島とマリアナ諸島に米艦上機群が来襲したのは、このころである。内南洋に王手がかかった事態は、防空戦闘機部隊の必要度をにわかに増した。

部隊を新編してもすぐに役立つものではなく、少なくとも数ヵ月は訓練期間がいる。まして、海軍にとって初めての防空戦闘機部隊だから、既存の種類の航空隊よりもはるかに手間がかかる。とりあえず部隊の編成だけでも決定せねばならない。

中央部はトラック空襲でショックを受けたものの、敵機の本土来襲について、さし迫った危機感を抱きはしなかったはずだ。

「ともかく防空部隊を作り、小園にやらせてようすを見よう」といったあたりが、実情だったと考えられる。

異色の顔ぶれ

海軍初の本土防空戦闘機部隊・第三〇二（さんまるふた）航空隊は、こうして昭和十九年（一九四四年）三月一日付で、横須賀基地で開隊した。開隊といっても、商店の開店のように「この日から営業開始」とバリバリ活動を始めるわけではなく、書類上いちおう組織がスタートする日を決めるわけだ。

日華事変中を除いて、どの航空隊も一日、五日、十日、十五日、月末などキリのいい日に

三〇二航空隊司令・小園安名大佐(昭和19年10月15日付で進級)。懸章は横須賀鎮守府参謀を示す。

ちを開隊日に定めて、一日開隊が圧倒的に多い。ところが、三〇二空の戦時日誌には「三月二日、横空にて開隊。小園中佐着任」と書きこんである。正しくは三月一日が開隊日で、単純な記入ミスにすぎないのだが、三〇二空の異色ぶりを暗示しているようでおもしろい。どこが異色だったのかは、これから述べていく。

軍令部や航空本部から、さほどの期待をかけられなかった三〇二空の開隊は、ごくひっそりしたものだった。司令部を置く庁舎はなくて、横空に借り住まい。根拠基地に予定している厚木は、厚木空から改称し実施部隊に変わった二〇三空が、北方進出を待ちつつ訓練中。編入予定の木更津派遣隊は、まだ二〇三空にくっついていた。

人員も小園司令のほかは、早期に防空部隊新編を知らされていた飛行長・西畑喜一郎少佐ら数名だけ。手もちの機材も一機もなし、という、ないない尽くしのわびしいスタートを切った。

ようやく防空戦闘機隊としてのかたちが整い始めたのは三月中旬。横須賀基地でオレンジ色に塗った中古の「雷電」三機を受領し、木更津派遣隊が二〇三空から切り離され、三〇二空に編入された。

三〇二空の装備予定機種と定数（書類上の保有機数）は、乙戦「雷電」四八機、丙戦「月光」二四機。昼と夜の邀撃専用機をそろえた、いかにも防空戦闘機部隊らしい内容だ。しかし、小園司令の意志とは別に、予想外の組織と機材が付加されていた。「彗星（すいせい）」艦爆の偵察機型・二式艦上偵察機と、陸軍からゆずってもらった百式司令部偵察機を装備する、陸上偵察機隊である。

開隊後まもなく受領したオレンジ塗装の十四試局地戦闘機改。すなわち「雷電」の試作機で、三〇一空からの“おさがり”だ。

この陸偵隊はもともと、艦爆部隊の五〇二空に付属していたのが、五〇二空が二〇三空と同様に北海道、千島方面へ出るさいに切り離され、臨時に三〇二空に編入されたのだった。三〇二空は鎮守府所属なので外戦部隊のような基地移動がなく、またさし当たって作戦任務を与えられないため、〝仮の宿〟としては格好だったからだ。陸偵隊は訓練のほか、のちに一部が邀撃戦に参加。B－29の爆撃が激化し始めた昭和十九年十二月なかばに解散し、一部の搭乗員が三〇二空の夜戦隊に編入される。

また昼間戦闘機が、乗りにくくて故障も多い「雷電」だけでは心もとないため、補助機材として、扱いやすい零戦を加えることにした。零戦の併用は「雷電」装備の各部隊に共通しているが、三〇二空にとっては対艦上機戦闘のさいの戦力向上に、大きくプラスしたのは間違いない。

すでにかたちが整っている夜戦隊は別として、乙戦隊と陸偵隊の基幹員が着任するのは四月に入ってからである。以後、搭乗員の受け入れはとどこおりなく進むが、ここにも三〇二空の異色な点があった。

新機種・夜戦の搭乗員が、他機種からの転科なのは当然だ。しかし三〇二空では、昼間戦闘機の幹部にも積極的に転科者を採用したのだ。飛行隊長（のち飛行長）山田九七郎（くしちろう）大尉（階級は着任時。以下同じ）、飛行隊長待遇（のち転勤）美濃部正大尉、飛行長付（のち分隊長）荒木俊士（しゅんし）大尉、特務士官の先任分隊士（のち分隊長）伊藤進中尉がそれぞれ水上機出身、飛行長付（のち飛行隊長）森岡寛（ゆたか）中尉が艦爆出身といったぐあいだ。西畑飛行長も水上機出身者である。

他の部隊には類例を見ない、昼戦隊幹部のこの状況を作った原因は二つある。一つは、戦闘機出身の士官搭乗員が外地で激しく消耗し、実際に戦っているわけではない三〇二空へまわす余裕がなかったこと。いま一つは、小園司令が他機種出身者を自発的に選んだことだ。

小園中佐は必勝兵器と堅く信じこんだ斜め銃を、昼間、夜間を問わず多用する決意だった。

軸線からはずれたヤブニラミのこの装備を、敵機の後方に食いつく訓練に明けくれてきた生粋の戦闘機乗りが、好むはずがない。分隊長以上の幹部の反対は、めんどうを招く恐れがある。しかし、戦闘機の装備兵器に先入観を持たない転科搭乗員なら、斜め銃を拒絶しないだろう、と考えたからに違いない。

ただし、難物の「雷電」隊では、さすがに本来の戦闘機搭乗員がほとんどを占め、転科者の幹部は飛行歴が長い伊藤中尉だけだった。

陸軍に協力を

当初、「雷電」、零戦、「月光」、陸偵と、機種ごとの分隊を一個飛行隊にまとめていた三〇二空の編制は、しだいに変化していく。

五月には美濃部大尉の進言による零夜戦隊の付加で、昼戦と夜戦の二個飛行隊になり、六月からは新型夜戦「彗星」の導入開始。さらに九月には、「月光」誕生のもう一人の功労者、お蔵入りになりかけた十三試双発陸上戦闘機への斜め銃装着を推進した、浜野喜作大尉が着任して、「銀河」夜戦分隊を新編。十二月に艦上偵察機「彩雲」の改造夜戦が「彗星」分隊に加わり、翌二十年早春までに、「雷電」と零夜戦で第一飛行隊、「月光」と「銀河」で第二、「彗星」と「彩雲」で第三の、三個飛行隊編制になる。

基地も、昭和十九年の五月初めにまず零戦が、きゅうくつな追浜から、二〇三空の抜けた

第三飛行隊の「彩雲」一一型（手前）と「彗星」一二型２機。左の「彗星」は斜め銃１梃を付けた夜間戦闘機仕様の一二戊型だ。

厚木へ移動を開始。「雷電」がこれに続き、木更津の「月光」と陸偵も初夏のうちに移って、昼夜の戦力が一ヵ所にまとまった。

ガンコ親父だが私利私欲はまったくなく、尽忠ひとすじの小園司令を、隊員たちは慕っていた。しかし唯一、彼らを悩ませたのは、どんな機種にも斜め銃の装着を要求する、すぎたる信念だ。零戦はもとより「雷電」にも付けろと主張する司令に、西畑飛行長は不要な旨を説いたが、聞き入れられず、結局、陸偵隊を除く全機種に積まれてしまった。

それでも、「雷電」の斜め銃装備は少数機だけで、一時は過半の機に積まれた零夜戦からも、しだいに姿を消していった。斜め銃は確かに大型機攻撃用として有効だったが、やはり複座以上の夜戦の兵器だった。

作戦行動面での変化が出たのは、サイパン島が陥落してまもなくの七月二十一日。遠からずB－29の基地ができ、本土爆撃が始まると予想した陸軍は、防空戦闘機戦力の強化をはかり、これに応えた大本営海軍部が、三〇二空を作戦時にだけ陸軍防衛総司令官の指揮下に入れる処置をとったのだった。

こうして、それまで横鎮管区に限られていた三〇二空の守備範囲は、陸軍第十飛行師団との協力のもと関東全域に広がった。防衛総司令部から要請があれば、指定された空域へ進出せねばならない。東部軍が得た邀撃データを供給するため、陸軍通信隊が厚木基地に分遣されてきた。

防衛総司令官の指揮下への編入は三〇二空にとって、さほど負担をもたらさなかった。先方も遠慮して強い指示を控えたからで、より多くの情報の入手が可能になり、邀撃空域が拡大したために、むしろ三〇二空の作戦行動が融通性を増したと言えるだろう。

死への着陸復行

野武士・小園司令に率いられ、最盛期には八十数機の可動第一線機を擁(よう)した、海軍きっての防空戦闘機部隊・第三〇二航空隊は、開隊から一年半、激しい訓練と苛烈な邀撃戦に日々を送り、劇的な最期(さいご)を迎えて歴史のかなたへと消えていった。

この間、ある者は空中に散華し、ある者は生き抜いて敗戦国・日本の復興に貢献(こうけん)した。隊員たちにとって三〇二空の一年半は、全力をそそいだ悔いなき時間であったはずだ。各人が三〇二空のかけがえなき構成員であり、戦死、生存は結果としてそうなったとの形容も可能ではなかろうか。すなわち一人一人の生命、存在価値に、軽重の差なしとの見方もできると思う。

しかし、戦力面で概して影響が大きいのは、やはり直接に敵と向き合う搭乗員だろう。ここでは、還（かえ）らざる搭乗員の戦いの様相を描いて、三〇二空の苦闘の一部を再現してみたい。

昭和十九年十一月一日に、B－29を改造した写真偵察機のF－13が関東上空に姿を見せたとき、三〇二空の出撃は始まった。十一月中は高高度邀撃に不なれだったのに加え、関東上空の大半が陸軍戦闘機隊の担当空域だったためもあって、戦果がほとんどあがらなかったかわりに、戦死者も少なかった。

翌月に入ると、関東上空のほか伊豆方面への推進邀撃も功を奏し始め、その半面で主力の「雷電」隊と「月光」隊に戦死者がめだってきた。

雲がべったり張りつめた十二月十五日、父島のレーダーは北上するB－29を捕らえ、情報を送ってきたが、機数や進路は判然としなかった。時間がたつにつれて横須賀鎮守府と三〇二空は警戒配備をしだいに緩めたものの、万一を恐れて正午から合計三〇機を上空哨戒に上げた。主力の「雷電」一二機を率いるのは、七月初めに着任した兵学校七十一期出身の分隊士・入江静則（しずのり）大尉。

やがて、空襲の可能性はないと分かってきた。敵機は、二日前の名古屋爆撃の結果を撮影にきたF－13だった。出撃した各機は予定時刻まで飛んで、交戦せずにもどる手はずだが、曇天の帰投（帰港投錨を略した、帰還の意の海軍用語）は神経がとがる。沈みが大きく着陸速度が大で、前下方の視界が狭いうえ、エンジン故障が多発する「雷電」には、命取りになる材料がそろっていて、とりわけ緊張をともなった。

そのうちに、いやな知らせが厚木基地の無線室に入ってきた。「エンジン不調、着陸する」を伝える入江大尉からの電話である。内容を聞いた誰の胸にも、不安がよぎった。次に出動する第二直で待機していた、同期生の寺村純郎（すみお）大尉にとっては、ひときわ気がかりだった。三〇二空に着任した七十一期生のうち、すでに上野博之中尉が「雷電」で、森本和次中尉が「月光」で、ともに殉職し、ほかに三名が転勤で出た。いま入江大尉を失えば、部隊の同期生はいなくなってしまうのだ。

海兵71期出身の「雷電」搭乗員たち。左から中野嘉念、市村吾郎、入江静則各中尉。建物は第一飛行隊の指揮所。

この日の「雷電」の哨戒空域は厚木北方上空。距離が遠くなると用をなさない無線電話が聞こえてきたのだから、基地付近の上空を飛んでいるのは間違いない。

入江機はまもなく、雲中から姿を現わした。脚を入れたまま、滑走路に接近してくる。エンジンがおかしいのなら、胴体着陸が正解だ。ところが、これを見た搭乗員が脚の出し忘れと思ったらしく、危険や非常事態を知らせる赤旗を持って走り、入江機に向かってうち振った。

そのまま胴体着陸を行なえば、大尉は生還できたかも知れない。しかし、気丈な彼は着陸復行を決意した。兵学校出の分隊士が赤旗を見た以上、乗機を壊してはならないとの責任感だったのか。沈みの大きい「雷電」、ましてエンジン不調機に乗る者にとって、着陸のやり直しはよほどの気力を必要とする。

入江機はふたたび爆音を高め、復行のための旋回に移った。だが、ここで「火星」エンジンは力つき、整備教育を担当する相模野空の格納庫上を越えて、姿を消した。

墜落現場で「雷電」は大破していたが、操縦席に座ったままの入江大尉の遺体は、損（そこ）なわれてはいなかった。邀撃任務で発進したのだから、彼の死亡種別はもちろん戦死である。

赤旗など見ずに胴体着陸していたら、と寺村大尉は歯がみする思いだったに違いない。

撃墜王、帰らず

十二月から翌二十年一月のB－29「スーパーフォートレス」の作戦は、軍需工場の頂点と言いうる、東京の中島飛行機と名古屋の三菱重工の工場に対する昼間精密爆撃だった。

一月十四日は三〇二空にとって衝撃的な痛報がもたらされた。三〇二空を代表する存在だった遠藤大尉が、偵察員・西尾治上飛曹とともに邀撃戦に散ったのである。

予科練の元祖、乙飛一期出身の遠藤大尉は、長らく艦上攻撃機の操縦員を務めたのち、ラバウル再進出のため豊橋基地で訓練中の二五一空に、昭和十八年一月に着任した。遠藤少尉（当時）は二五一空司令・小園中佐が実用化を進める斜め銃に、強く賛同の意を示し、司令の信頼を得た。

しかし、その後の彼の活躍には目を見張らせる面がなかった。ラバウル進出時にはエンジン故障でテニアン島に不時着し、二機しかない改造夜戦（のちの「月光」）の一機を破損。ラバウル到着の十八年五月から、地上で空襲を受けての負傷で十二月に内地に帰るまで、撃墜戦果をまったく得られずにすごした。

西尾上飛曹も乙飛予科練の出身で、遠藤大尉よりも九年・一〇期後輩の十一期生だ。彼がラバウルの二五一空で初めて実戦に参加したのは二飛曹当時の十八年八月だが、やはり撃墜に加わる機会はなかった。

ただし、昭和十九年三月までラバウルに留まったためもあって、遠藤大尉よりも「月光」での出撃回数は多く、二五一空がトラック島に下がってからも作戦に参加。一飛曹に進級後の十九年六月には、陶（すえ）三郎上飛曹とペア（同一機に乗り組む複数搭乗員の呼び方）を組んで、B－24重爆一機の不確実撃墜を記録している。

遠藤中尉は内地に帰還後、厚木空・木更津派遣隊をへて、三〇二空開隊時の基幹員の一人に加えられた。彼が初撃墜を記録するのは、十九年七月に三〇二空から佐世保空・大村派遣隊（八月に三五二空に改編）へ、戦力増強のため派遣されてからだ。中国大陸奥地の成都から、B－29が北九州爆撃に来襲していた。

八月二十日、海軍戦闘機隊は初めて対B－29の戦果をあげた。そのほとんどが三〇二空派遣隊長・遠藤中尉の手柄（てがら）である。遠藤中尉と偵察員・尾崎一男一飛曹のペアは、延べ一〇機と交戦し、五機撃破（中破三、小破二）を報告ののち済州島に不時着した。遠藤中尉の報告は額面どおりには発表されず、

遠藤幸男大尉は報道機関から「B29撃墜王」と呼ばれた。

三五二空司令部は中破を撃墜に、小破を中破に水増しし、撃墜二、撃墜不確実一、中破二として戦闘詳報に記載。新聞報道もなされ、ここで「『月光』の遠藤」の名声が一気に高まった。

厚木にもどった彼は大尉に進級し、西尾上飛曹とペアを組む。二人はラバウルで顔見知りだし、同じ乙飛の出身、しかも大尉は陽気にふるまい、上飛曹もおだやかな性格だったので、意気はぴったり合ったように見えた。

遠藤―西尾ペアの「月光」の胴体に描かれた、黄桜の撃墜・撃破マークは、空襲があるたびに増えていき、撃墜五、撃破九を記録する。厚木は東京に近いため、報道班員が詰めかけた。戦意高揚に撃墜王の談話はうってつけだから、記者は大尉にまといつき、彼も期待に応（こた）えようと努力した。だが運命の昭和二十年一月十四日、いくども紙上を飾った高名なペアは

帰らなかった。

「雷電」と零戦を厚木上空に残し、「月光」と「銀河」夜戦は静岡方面へ向かう。「月光」隊分隊長・遠藤大尉機は西進し、名古屋への投弾を終えて遠州灘へ抜けるB－29を邀撃、午後二時五十二分に突撃の無電を送信した。六分後、「一機撃墜、大破……機（内容聞きとれず）」が厚木の受信機に入ったが、以後の連絡はとだえた。

遠藤大尉は銃創を負いながらも、傷ついた「月光」を遠州灘から渥美半島まで運び、まず西尾上飛曹を脱出させたのち、自身も落下傘降下を試みた。しかし、上飛曹は落下傘が尾翼に当たって切断されたため墜死し、大尉も負傷と火傷により降下後まもなく息が絶えた。

小園大佐が遠藤ペアに、全幅の信頼をおいていたのは間違いない。司令に期待され続け、宿敵B－29と対決して世を去った大尉と西尾上飛曹は、戦果の実数はともかく、武人として本望の最期をとげた。ただ残念なのは、ついに夜間撃墜を果たせなかった彼らを、三月と五月の夜間大空襲に出撃させる機会の消滅だった。

荒木大尉の最後の空戦

三〇二空にとって、昭和二十年二月なかばまでの邀撃戦は、ある意味では〝幸せ〟だったかも知れない。相手がB－29だけだからだ。

日本軍から超重爆と呼ばれたこの機は確かに撃墜が困難だし、強力な防御火網を張っているので、返り討ちを食らう恐れも多分にあった。だが、爆撃機は戦闘機に襲われて初めて反撃するのであり、極端な言い方をすれば、攻撃しなければ向こうからかかってきはしないのだ。ところが二月十六日、積極的に銃弾を浴びせてくる敵が出現した。艦上戦闘機F6F「ヘルキャット」とF4U「コルセア」である。

零夜戦分隊長・荒木俊士大尉をしたう部下は多かった。

B－29を掩護(えんご)するP－51「マスタング」戦闘機の基地にする目的で、米軍は硫黄島の奪取を計画。上陸に先だって、日本機の増援をはばむため、関東地方にちらばる航空基地の制圧に出た。その役目を引き受けた第58任務部隊は、十六日の夜明け前から、艦上機の大群を関東各地へ向けて放ち始める。

日本軍は敵機動部隊の動きをつかんではいたものの、低空で来襲した敵機をレーダー探知できず、午前七時すぎからいきなりの侵入にさらされた。そこで三〇二空では、対戦闘機戦の不可能な「月光」「銀河」「彗星」の各夜戦を空中避退させ、零戦（斜め銃装備の零夜戦を含む）、それに熟練者の乗る「雷電」が邀撃に発進した。

部下と碁を打っていた零夜戦分隊長・荒木俊士(しゅんし)大尉は、ただちに零戦に駆け寄って出動。やがて厚木に帰投したが、腰を落ち着けるまもなく、大尉は二回目の出撃に取りかかる。だが、エンジンは過熱して筒温が上がり、離陸が難しい。乗機を交換しようにも、予備の零戦は若年搭乗員が乗って避退してしまっていた。

荒木大尉は無理にも筒温を下げようと、カウリングをはずして滑走を開始。そのまま浮き上がって神奈川県丹沢の上空へ機首を向けた。F6Fを認めた彼は、この不調機をあやつって一機をみごとに撃墜し、さらに二機目を捕捉しかかったところで敵弾を受けた。荒木機は藤沢基地までたどりついたけれども、姿勢をくずして格納庫に接触、墜落した。

争うように走り寄り、大尉を救い出そうと努めた基地員は驚嘆した。その頭部に貫通銃創があったのだ。一二・七ミリ弾に頭を射抜かれながら、どのようにして藤沢まで飛んできたのか。信じがたいほどの精神力が、この奇跡をなさしめたのだろうか。

荒木大尉は既述のとおり、生粋（きっすい）の艦戦乗りではない。海兵六十七期、三十五期飛行学生を卒業して二座（複座）水偵の操縦員を務め、ついで二式水上戦闘機で北千島を飛んだ。このあと、多くの水上機乗りが艦戦搭乗員の不足から転科したように、彼も零戦に乗るコースを定められたのだ。

大尉は部下の搭乗員はもちろん、整備員たちからも慕われた。たえまない整備作業に油まみれになる地上員たちの夜食にまで気を配るやさしさと、傑出した統率力を備えていたからだ。たぐいまれな指揮官は、零夜戦分隊の本来の相手であるB－29とは違って、猛牛グラマンを道づれに、黄泉（よみ）の国へと去っていった。

P-51の射弾に倒れる

艦上機群の来襲で、三〇二空の編制が変わった。それまで第二飛行隊に属していた零夜戦分隊を、対戦闘機の邀撃力向上をはかって、昼戦の第一飛行隊に編入。第二飛行隊が「月光」と「銀河」の双発野戦。陸偵隊の解散のさいに新編された第三飛行隊が「彗星」夜戦と補助機材の「彩雲」の両単発で、なんとなく三個飛行隊の機種構成にバランスがとれた。

第三飛行隊長は「彗星」夜戦の分隊長だった、海兵六十九期出身の藤田秀忠大尉。水上機から転科した藤田大尉の搭乗員人生は、決してエリートコースを歩んだとは言いがたい。三〇二空に着任するまでは、偵察員養成の大井空で機上作業練習機を操縦していた。ほうっておいても要職につける兵学校出の中堅士官にしては、地味すぎる勤務である。考課表がパッとせず、人事局から冷や飯を食わされているかたちだった。

彼を三〇二空へ呼んだのは、大井空の飛行長だった西畑少佐だ。少佐は、藤田大尉の親分肌を高く買ったのである。これは正解だった。

「彗星」隊は第一、第二飛行隊にくらべて、可動七〜八機と機材が少ないうえに、搭乗員の数がやたらに多く、搭乗割に入れない者がずいぶんいた。そのうえ「彗星」は、おおげさに言えばエンジンが故障しないほうが珍しいほどの難物機だ。

隊長によほどの人望がなければ、不満があふれだす。それを、なんとなくまとめてしまったところが、藤田大尉の器の大きさだった。

ところで、敵艦上機の登場は三〇二空を苦しめたが、昭和二十年四月七日に、さらなる強敵が出現した。それは、米軍が占領、整備した硫黄島を基地にする、第7航空軍のP－51D「マスタング」戦闘機である。

艦上機は手ごわいけれども、空母部隊の行動を追っていれば来襲時期が分かるし、ひんぱんにはやってこない。危険日には夜戦隊を避退させることが可能だ。

しかし、P－51はB－29を護衛してくる。B－29だけなら夜戦も邀撃に上がれるが、P－51には絶対的に勝ち目がない。マリアナから来るB－29にP－51が随伴しているかどうかは、レーダーでは知り得ないから、昼間来襲のさいには、取りあえず夜戦はすべてよその基地へ逃がす一手のみ。抜けた夜戦の分の戦力減少と、たびかさなる避退による疲労で、大きなマイナスを味わった。

カイゼルひげをたくわえた藤田秀忠大尉。

P－51の初めての来襲に気づかない四月七日は、B－29の飛来高度が四〇〇〇メートルと低く、三〇二空の各隊は「今日は落とせる」と勇んで出撃した。硫黄島が陥ちたことで、敵戦闘機の侵入も考えられないではなかったが、もし来るのなら、航続力が大きな双胴のP－38「ライトニング」だろうと考えられていた。

三〇二空も陸軍の防空戦闘機部隊も、敵高度が低いという好条件をのがす手はなく、てんでにB－29に接近する。超重爆の上空をキラキラ光って飛んでいる、機首がとがった液冷戦闘機を、だれもが陸軍の三式戦闘機「飛燕」だと思った。

だが「三式戦」は、かろやかに翼を振ると、たちまち日本戦闘機に襲いかかってきた。ある者はからくも離脱して、またある者は被弾してから、液冷戦闘機が敵機なのを思い知らされた。藤田大尉が前者だったか後者だったか、知るすべはない。

藤田機の後席には、十三期飛行予備学生出身の偵察員・土屋良夫中尉が乗っていた。彼らの「彗星」夜戦がP－51の目にとまったとき、結果は決まってしまったと言っていい。同じ液冷「戦闘機」ながら、もとが艦爆で斜め銃が主兵装の「彗星」と、第二次大戦の最高傑作戦闘機P－51とでは、空戦能力に子供と大人の差があった。

操縦席に乗せるのに二人がかり、という大がらな好漢・藤田親分は、土屋中尉になんと語りかけて散っていったのだろうか。

「銀河」は夜空に消えて

三〇二空の「月光」「銀河」「彗星」夜戦はよく戦ってはいても、邀撃戦は昼間ばかりだった。人的被害の大きさから、のちに東京大空襲と呼ばれる三月九／十日の夜も、陸軍夜戦部隊との錯綜を避けるため、「月光」の小規模な出動にとどめ首都上空へは飛ばなかった。厚木基地にもたらされた戦果は、撃破一機だけ。

三月十日未明の大被害が、この方針を転換させた。一ヵ月後の四月十三／十四日に東京の赤羽陸軍兵器廠へ、戦術的な夜間の焼夷弾空襲がかけられたとき。待機空域は神奈川県、東京湾南部、千葉県の上空が指定されていても、B－29を追いかけて東京都の空域に入りこんだ機もあり、撃墜三機、撃破一機の報告がなされた。

夜間空戦を終えた20年4月2日の午後、分隊長・浜野喜作大尉を前にして左から及川正雄上飛曹、島津隆三飛曹長、松井貞己上飛曹と乗機の「銀河」夜戦。

一日おいた四月十五／十六日は、一ヵ月前の夜間無差別空襲を踏襲し、川崎、東京の市街地へ三〇〇機あまりのB－29が焼夷弾を投下した。

三浦半島と房総半島にはさまれた浦賀水道が、第二飛行隊の大型夜戦「銀河」の哨戒空域だ。出撃した数機のうち、機長が偵察の島津隆三飛曹長で、及川正雄上飛曹が操縦する「銀河」は四月一／二日の夜間邀撃で、B－29三機を撃墜破して、第二飛行隊きっての大きな殊勲を立てていた。

電信員を務めた松井貞己上飛曹を加えた三名のペアは、分隊長・浜野喜作大尉がラバウルから持ち帰った秘蔵のウイスキーを、ほうびに飲ませてもらった。数日のうちに、彼らの「銀河」の胴体左舷に、戦功を示す黄桜マークが描きこまれた。

だが、この夜は松井上飛曹が風邪で寝こんだため、荒井義一二飛曹が及川兵曹の後ろに座っていた。荒井兵曹は松井兵曹とともに横空から三〇二空に転勤したため、先輩の代役を買って出たのだ。

空襲対策に造られた地下壕兵舎で横たわる松井上飛曹に、若い兵が「『銀河』、落ちました!」と伝えた。墜落場所は基地から遠くない。指揮所でトラックの荷台に乗って、煙が上がる大根畑へ向かう。大きく抉られた墜落穴から、島津飛曹長、及川兵曹、荒井兵曹の遺体が掘り出された。機体の損壊が激しい大事故なのに、三人の識別は可能だった。

遺体はトラックで基地まで運ばれ、隊内施設にある空室の隔離病室に安置された。体調不良が癒えない松井上飛曹は兵に付き添われておもむき、通夜に加わってペアの亡骸をみまもった。搭乗交代のさい、荒井二飛曹がほがらかに語った「いっしょにここ(三〇二空)に来たんだから、私が上がりましょう」の言葉が、彼の耳に残っていた。

四月十五/十六日の三〇二空の合計戦果は、第二、第三飛行隊の奮起を示す撃墜六機と撃破一機。夜の闘いはようやく本格化したと言える。

しかしその後B-29は、沖縄戦に協力して九州の飛行場に対する戦術爆撃を主体にし、港湾・海峡への機雷投下、兵器・燃料関係施設への空襲に目標を移す。以後四〇日ほどのあいだ、首都圏の夜空から遠ざかった。

たがいの同期生に言い残す

マリアナ諸島の基地に焼夷弾を蓄積した第20航空軍が、東京の焦土化をはかったのが、五月二十四日の未明と二十五／二十六日の夜、すなわちなか一日おいて続けた夜間の無差別大空襲である。とりわけ前者は、出撃五五八機、うち五二〇機が焼夷弾を主体に三六四六トンを投下する、B－29の全作戦中で最大の規模を記録した。

撃墜八機、撃破六機と報告された三〇二空の戦果の、過半は「月光」がもたらした。損失は第三飛行隊の「彗星」夜戦一機だけだ。

「彗星」の搭乗ペアはともに士官で、前席の操縦員が海兵七十三期出身の久保田謙造中尉、後席の偵察員は予学十三期出身の田中清一少尉だった。

二月末に飛行学生を終えたばかりの海兵七十三期は、本来なら搭乗割（出撃メンバー表）に入れるキャリアではない。火急の戦局が早期の実戦参加をうながしたのだ。三月初めに着任した同期七名のうち、操縦が五名（二名は偵察）で、久保田中尉と伊藤庄治中尉は技倆（ぎりょう）の向上が早く、二ヵ月あまりのちに早くも出撃要員に加えられ、五月なかばの派遣隊員に選ばれて、一〇日のあいだ大阪・伊丹に移動していた。

二十五日の夕刻、指揮所前に掲げられた搭乗割に二人の名があった。久保田中尉は自分の名を確認すると、そばにいた伊藤中尉に向かって「今夜は体当たりしても一機落とすぞ」と敵愾心を示した。三〇二空全体でも、同期生の撃墜戦果はまだなかった。

搭乗割に久保田中尉とならんで書かれていた田中少尉は、同期の偵察員・福田太朗少尉に「時計のぐあいが悪いんだ」と語りかけた。非直（非番）の福田少尉は「俺のを持ってい け」の返事とともに、自分の天測時計をはずしてわたす。内気でおとなしい田中少尉とは、三〇二空の前の偵察第三飛行隊からの仲間だった。士官私室も同じだ。

たそがれのころ、福田少尉は憩いをとる中野の下宿へ出かけ、そこで東京市街の西部への大空襲を望見する。西北西から南南東へ飛び抜ける敵の群れ。

照空灯（海軍では探照灯）の光芒内のB－29を、一機の「彗星」夜戦が後上方から襲うのが見えた。後方からの攻撃は、速度差がなくなって狙われやすい。「危ないな」。福田少尉が注視するうちに、「彗星」は超重爆の下にもぐりこみ、曳跟弾の火箭が伸びた。命中箇所がよかったらしく、この一撃で火を噴いた敵はそのまま高度を下げていった。

ややたって、照射を受けない別のB－29に、同じ機影の夜戦が食いつき、後下方から射撃したが、効果は見られない。「彗星」夜戦は上昇ののち再度もぐりこんで攻撃をかけると、こんどは火が出たが、夜戦からも炎が流れた。

相討ちである。尾部銃だけ残したB－29の一二・七ミリ弾と、夜戦の斜め銃の二〇ミリ弾が、相互に命中した。東京の南西部に位置する、大森の上空だった。

敵を追うばかりで捕捉できず、戦果なく帰還した伊藤中尉は、久保田ペアの「彗星」夜戦がもどっていないと知らされた。やがて横須賀付近で二人の遺体が収容され、厚木基地まで運ばれた。

二十六日の通夜を終えて火葬。縁あさからぬ福田少尉は田中少尉の骨上げに加わり、遺骨をひろう。取り上げた骨に、リング状の金属が付いてきた。それは、彼が田中少尉に貸した天測時計の、秒針を合わせる回転リングであった。

伝説の赤松分隊士
——だれもが認める比類なき腕まえ

海軍の戦闘機乗りのうちで、とびきりの凄腕（すごうで）だが素行（そこう）が芳（かんば）しくなく、数多（あまた）の伝説に彩（いろど）られた人物として名高いのは、と問われれば、やはり赤松貞明中尉が浮かんでくる。

赤松氏の逝去（せいきょ）は、私が個人的に日本軍航空に関する記述を始めて数年後、いまから三六年前である。最初の自著を手がけるさい、すぐに面談を希望すれば直接取材がかなったかも知れないが、会わねばならない人が多すぎ、依頼申し込みの手がまわりかねた。

それに、赤松氏は二つの手記を発表していた。ひとつは冊子「日本撃墜王」、もう一つは月刊誌に載った二ページの「雷電」搭乗の回想記。どちらも原稿を氏が書いたのではなく、談話を編集したものだ。取りあえずこれらを著作の資料にさせてもらおうと決め、他方面への取材を続けているうちに、氏と言葉を交わす機会は永久に去ってしまった。

赤松氏の名で出た唯一長文の「日本撃墜王」は、あからさまに過大な自身の合計戦果など

（対談時のムードがそうさせたのか）を除けば、予想以上に正確と言えよう。

自分がこれまでに書きためた、八十余冊の取材ノートを繰るうちに、被取材者の面々が私に語った赤松分隊士への感想が、意外な多さなのに気づいた。彼は日華事変における第十三航空隊で戦った華中戦線、開戦当初の南進作戦に従事した第三航空隊当時の空戦などで名をあげたが、なんと言っても際立つのが、第三〇二航空隊での「雷電」、零戦に搭乗時のエピソードだ。

赤松少尉／中尉は厚木基地での一年半のあいだに、上官にどう感じさせ、部下たちになにを教えて、いかに闘ったのか。関係した隊員による、忌憚のない言葉の数々を綴ってみた。

超ベテランの存在感

ビルマからのインド・カルカッタ空襲など、南西方面最西部の作戦に従事する三三一空から転勤した赤松少尉が、横須賀航空隊で仮入隊的な短期滞在をしていた昭和十九年（一九四四年）二月下旬。ラバウルの二〇四空から転勤した磯崎千利少尉もこのとき、次の部隊が決まるまでの待機のかたちで横空にやってきた。

磯崎少尉が昭和六年の志願入隊、赤松少尉は二年の同じく志願兵だから、赤松少尉がずっと先輩だ。操縦練習生は十九期と十七期で一年四ヵ月差に縮まるが、赤松少尉が先んじていることに変わりはない。

赤松少尉が一空曹の終わりごろか、大陸で作戦中の十六年に意見の相違から現役辞退を望み、受け容れられた。けれども服役延期で軍人をやめられず、結局は勤務続行を決意しなした、と回想している。しかしこれは詭弁で、素行が悪くていったん海軍を辞めさせられ、あらためて即日の充員召集（予備役）、応召のかたちがとられたともいう。

いずれにせよ、このために一年半以上の分の進級遅延を生じた。もし変わらず現役であり続けたなら、十九年二月の時点で遠からず大尉進級の古参中尉で、中尉進級直前の磯崎少尉を指揮する立場だった。

磯崎少尉の三〇二空付への転勤は履歴上、開隊と同日の三月一日付。同じ横空基地内の〝三〇二空仮本部〟へ行ったのは、開隊後まもなくの三月四～五日だ。

赤松貞明少尉の技倆と貫禄は他者を圧した。昭和20年の正月。

磯崎氏「赤松さんとは、いっしょに三〇二空へ転勤した覚えです。操縦はうまかった。りっぱなもの。その一〇年ほど前、（空母）『龍驤』乗組のころは負けませんでしたが」

まだ開隊前の二月二十日付で三〇二空の予定基幹員に指名された、第七十期兵学校生徒（いわゆる海兵七十期）出身の宮崎富哉中尉が、二月のうちに横空に着いたとき、分隊士以下の隊員はまだ誰もおらず、半月後に磯崎少尉、赤松少尉を迎える。

宮崎氏「海軍のキャリアはずっと浅いが私が先任（階級上位）なんで、『松ちゃん』『磯やん』と呼びました。松ちゃんはファイトがあった。じきに『雷電』を乗りこなし、『人が言うほど悪い飛行機じゃない』と説明してくれました」

「階級は磯やんが上だけど、松ちゃんが上のようなふるまいだった。下士官兵たちもそれを認めていた感じでしたね。磯やんもかなりの猛者だが、松ちゃんほどではありません」

磯崎少尉は着任約一〇日後の三月なかばに中尉に進級、四月に「雷電」隊第二分隊長に補職。宮崎中尉は五月初めに大尉に進級して、九月に同第一分隊長の辞令を受ける（二十年一月に転出）。一分隊長が兵学校出の将校、二分隊長が叩き上げの特務士官という違いはあっても、二人の身分は順調に高まっていくが、赤松少尉に変化が訪れるまでには一年以上かかった。

九月に二一〇空へ転出の磯崎中尉の後任分隊長は、七月に着任した伊藤進中尉。乙飛予科練の一期だから、磯崎中尉より海軍が一年古い超ベテランの一人。驚くのは水上機専修だった前歴で、一年半前まで一〇年以上もフロート付きばかりに乗ってきて、難物「雷電」の指揮官の座に就いたのだ。

伊藤氏「赤松さんは零戦でも『雷電』でも、歯が立たないほどうまい。技倆も高いが、腕力がすごいんです。空戦で最後にものを言うのは、強引に持っていける身体の力。クルクルッと三回もまわると、後ろにつかれてしまいます」

赤松氏は手記（談話）のなかで「私も柔道は六段、相撲も無敵」と書いているが、伊藤氏の証言のように、実際は四段だったらしい。それでも大したもので、早稲田大・柔道部副将を務め、同じ段位を持つ第十一期予備学生出身の由井（ゆい）達雄中尉とはウマが合った。どちらも豪快。互いに「俺の方が強い」と言い合い（赤松分隊士が強かった、との隊員評が多いが確証はない）、夏は二人でビールを飲み始めるなど仲がよかった。

磯崎氏「私は初段までで、練習はしましたが、その後の昇段試験は受けなかった。空戦訓練と違って、柔道は四段の赤松さんといい勝負だったと思います」

秀でた教育力

「雷電」に乗れる搭乗員をそろえるには、〝戦地帰り〟（十九年前半のころは主に南東方面からの転勤者をさした）を集めるのが手っ取り早い。空母「翔鶴」の戦闘機隊でラバウル、ソロモン諸島で戦い、マーシャル諸島、ついで再度のラバウル攻防戦に従事した、丙飛予科練七期の杉滝巧（たくみ）一飛曹。二五三空でコンソリデイテッドB－24、ノースアメリカンB－25爆撃機に対して戦果を報じ、カーチスP－40戦闘機との交戦で落下傘降下を経験した、丙飛十一期の山川光保飛長。

両名は開隊後まもなくの三月のうちに横空基地に着任し、五月に上飛曹と二飛曹に進級。三〇二空が厚木基地へ移動後の、七月に転勤してきた丙飛六期の八木隆次上飛曹は、二〇四空付でブイン邀撃戦を続けたのち、二〇二空に移りマリアナ、中部太平洋方面で邀撃、あるいは小型爆弾での爆撃任務に出動した。

自軍よりも強力な敵が相手の戦場で、激しい闘いを切り結んできた〝戦地帰り〟たち。このレベルの経験者には、あれこれうるさく指図しないのが赤松流だ。

杉滝氏「操縦教本を読み、重点部分の説明を受けたあと、離着陸から訓練が始まりました。赤松さんと空戦訓練をやったこともあります。さすがの手際でした。『堂に入っているな』という感じ」

八木氏「戦地からもどり、厚木基地に着いて指揮所へ行くと、赤松少尉がいました。飛練（飛行練習生）のときは飛曹長で、しぼられましたよ。『分隊士！』と呼びかけると『なんだ、お前どこにいた?』。兵舎で軍服をもらい、飛行場に出たら『一週間の休暇をもらったから、郷里へ帰ってこい』」

「（郷里の）岐阜からもどると、『雷電』の教本をくれました。『これ読んどけ。明日から上がってもらうよ』」

早くも彼の腕のほどを見抜いた赤松少尉は、このときすでに三名の搭乗員を八木機の列機に選んでいたそうだ。休暇といい列機といい、配慮と対応の早さに少尉の人間性が感じられる。八木上飛曹は、かつて二〇四空でいっしょだった「雷電」分隊・先任下士官の中村佳雄上飛曹（丙飛三期）から、注意点を聞いて搭乗を開始する。

山川氏「編隊（飛行）や射撃訓練は、みな赤松さんが案を出した。『編隊から離れるな』と言われ、とことんまでついていきました」

山川兵曹は厚木に残ったが、杉滝兵曹と八木兵曹は十二月に戦闘第七〇一飛行隊へ、中村兵曹は翌二十年一月に錬成用の戦闘第四〇一飛行隊へ転勤する。どちらも源田実大佐が司令の三四三空の指揮下部隊で、早い話が腕達者ゆえの引き抜きだ。源田大佐を好意的に知っていて、関わりも浅くない赤松少尉が、この件でなにを感じたかは分からないが。

艦上爆撃機の専修で教官配置にあった森岡寛（ゆたか）中尉（十九年五月に大尉）は、宮崎中尉と同じ海兵七十期出身の中堅搭乗士官。実施部隊への転勤を希望し、四月に三〇二空に来て、戦闘機への転科訓練に取りかかる。

森岡氏「空戦の要点は、おおむね赤松少尉から教わりました。この人は飛行と戦闘の特性を熟知していて、

中村佳雄上飛曹（左）と八木隆次上飛曹。彼らラバウル帰りの腕ききも、赤松少尉には無条件に従った。

実際的で分かりやすい」

「飛行場のわきにあった坂で、自転車で下るときはペダルを漕いでもいい。上るときは漕がないで、走ってきた惰性だけを使う。飛行機の降下、上昇の感覚が、地上なのによく身に付いて、とても効果がありました。この練習も赤松少尉の発案です」

機の速度が落ち、失速に入りかけるふらつきも、それに近い感覚を上り坂の自転車で味わえるのだ。

零戦で機動をやってみて、空戦も可能といわれた九九艦爆での判断や操舵とは、横綱と幕下ほどの大差があることを、森岡中尉は思い知る。四月のうちに「雷電」の試作型、十四試局地戦闘機で着陸するとき、主脚を折ってこの機がいやになり、零戦専門に切り変えた。

自信はゆるがず

十九年三月上旬から敗戦に至るまで在隊した赤松少尉／中尉は、司令・小園安名中佐／大佐と第一飛行隊長（のち飛行長）・山田九七郎大尉／少佐を除けば、全搭乗員（司令も零戦に乗った）中で在隊期間がいちばん長い。その間、「雷電」の操縦訓練の面倒をみ続け、指導方針はつねに一貫していた。

磯崎氏「教え方がうまくて、『なるほど』と感心することが多かった。模型飛行機を使って、空戦の動きを上手に説明するんです」

十八歳前後、まさにハイティーンの第一期乙飛〔特〕予科練（特乙一期と呼んだ）が来たのは十九年五月と七月。実用機教程の航空隊およびシラバスの違いで、同期なのに一ヵ月あまりの差を生じた。彼ら特乙一期の上飛（上等飛行兵）たち約四〇名の、着隊目的は錬成にあり、「雷電」組と零戦組に二分された。

吉田清氏「赤松さんから、飛行の要点と編隊訓練を教えられました。変わった人で、ちょっと編隊から遅れたら、とにかく怒られた。そのあと元山空に転勤して、『紫電』の空輪。前が見えるし、『雷電』より楽でしたよ」

黒田昭二氏「『絶対に編隊をくずすな。くずしたら、わしゃ知らん。ついてくるなら生命を保障するぞ』と言われました。失速するから『着速（着陸速度）を落とすなよ。九一ノット（一六九キロ／時）以上で持ってこい』とも注意を受けた。武士というか、大胆不敵な人でしたね」

甲飛予科練十一期は特乙一期とはまた異なって、飛練の期の違いから、五月と十月に分かれて厚木基地に来た。五月着隊の村上義美二飛曹は訓練時、「雷電」のエンジン、ブレーキの不調に悩まされ、複数の乗機を壊している。

村上氏「エンジンが止まって、赤松分隊士から教えられたように滑空で飛行場に胴着したら、分隊士に『下手だ』と言われて殴られました。戦闘法は全部、赤松さんが決めて教えたと聞いています」

村上二飛曹が滑空で生還したのは、「雷電」の特性を考えれば上出来の機動とほめてもいいのだが、気合を入れるためだったのか。一発食らっても、赤松少尉を見上げる気持ちは少しも変わらなかった。二〇ミリ斜め銃を改造装備した「雷電」にも、赤松分隊士が最初に乗った、と村上氏は覚えている。

丙飛の東盛雄飛長がプロペラのはずれた「雷電」で、見事に着陸したときは、さすがの赤松分隊士も「善行（表彰）ものだ」と上首尾をたたえた。善行表彰は殊勲の行動や特異な功績を賞賛して出される名誉章で、容易にはもらえない。プロペラを失い機首が軽くなった難物機を、異常事態にめげず、操縦桿を前へ押し微妙なバランスを保って持ってきたのだから、躊躇なくほめ上げたのだ。

邀撃戦が始まって四ヵ月あまり、兵学校出身者で最後に実戦に加わった七十三期の搭乗員のうち一二名が、中尉進級直後の二十年三月初めに着任した。行き脚（威勢のよさ）過多、粗暴ぎみで技倆未熟な彼らに、赤松少尉はまず零戦で遠慮なく優劣位戦を教えた。

板橋宙雄氏「赤松さんから『あんたたち、下手くそだ。ただし、まっすぐ突っこんで行くのが兵学校出のいいところ』と批評されました。零戦で格闘戦をやって、劣位（低位で不利）の赤松さんがキューッと回りこんで、後方についてしまうんです」

近藤博氏「松ちゃんと呼んでも怒らなかった。会話は敬語を使いました。七十二期も赤松中尉には同じ対応でしたね。『雷電』の着陸は『翼面荷重が大きいから、滑りこむように来い。なんだったら、初めは（三点着陸でなく）主車輪だけ着けてもいいぞ』って」

七十三期の操縦レベルをわきまえての発言だ。主車輪と尾輪を同時に着ける、機首上げの三点着陸を未熟者が無理にやろうとするから、失速を招いて落ちてしまう。

近藤氏「『零戦でやる特殊飛行（スタント）（宙返り、横転、反転、急降下など）は、「雷電」でもできるんですか』『そりゃできるよ。大味（おおあじ）だがな』というぐあい。実に要領よく教えてくれました。赤松さんは『雷電』で捻（ひね）り込みもかんたんにやってのけるけど、私には無理でした」

捻り込みは、宙返りの頂点で方向舵と補助翼を逆に操作し、イレギュラーな機動に入れて、追尾してくる敵機の後方につく特異な飛行。軽快で安定性にすぐれた零戦の、起死回生の技（実は、そうでもない）とされ、高翼面荷重の「雷電」では使いがたいと見なされていた。

出身別に対応の差

赤松分隊士の性格はストレートで、あとくされがなく、陰湿ないじめやカラ威張りとは無縁だった。彼は上官、部下にどのようにふるまったのか。

まず兵学校出身者について。上官だからという以上に、指揮能力と戦闘意欲を身に付けている点を買い、中尉当時の七十一期～七十三期にも、彼にしてみれば比較的ていねいに対応した。大尉クラスなら、その人物が闘志旺盛（おうせい）と分かると、皮肉っぽい物言いも控（ひか）えるほどだった。

七十三期の菊田長吉中尉は階級について、空戦訓練を指導してもらった赤松分隊士が「七十三期と同期だ」と話すのを聞いた。七十三期は三月一日付の中尉進級だから、同じころ彼も中尉に任じられたと思われる。特務士官の二十年三月の進級は珍しいが、かつて軍籍に関してゴタついて進級遅れをこうむったから、ありえなくはなかろう。

操縦練習生、予科練生出身者で、彼より長い操縦キャリアを有する人物はいないため、その全員が後輩だったとの言い方もできる。前出の八木氏が、このあたりをうまく説明してくれた。

八木氏「赤松さんはガッチリした体格で、ビール腹。それでいてトンボ（返り）を後ろへきれるほど、身がやわらかくて軽いんです。水泳は艦隊の記録保持者だと聞きました。みんなが集まってとった相撲は、赤松さんの命令で『負け残り』でした」

「負け残り」とは勝つまで対戦を続けさせられる、海軍流のきつい取り組み方だ。とはいえ、弱いものを殊更（ことさら）いたぶって喜ぶ性格ではない。

八木氏「めちゃくちゃだが、人柄（ひとがら）はよかった。さっぱりしていて、部下をかわいがりましたよ」

前出の山川氏が語る「口も八丁、手も八丁」が、彼の言動を端的に表現している。

海兵七十三期の着任から一〇日ほど遅れて、シンガポールの第十一航空隊で教員勤務だった、河井繁次上飛曹ら一〇名ちかくの下士官が、「雷電」分隊に転入してきた。十一空は邀（よう）

撃戦にも加わったから、多くは実戦の経験者だ。甲飛十期の工藤稔上飛曹が操訓のさいに「雷電」で、場周旋回をせずにいきなり着陸したら、「生意気だ」と伊藤分隊長から叱られた。ルールに沿わない危険行為への注意を含んでいたのだろうが、そばで赤松分隊士がニヤニヤしていた。

20年早春の「雷電隊春場所」。建物を背に座る左端が赤松分隊士。行司役で救命胴衣の背中を見せるのが山川光保一飛曹。

工藤氏「赤松さんは神様的な存在。ものすごくうまい、と聞いていました。訓練は直接受けなかったが、相撲は取ったことがあります。本当に強い。コロッとやられました」

同じく十一空から転勤した鈴木博信上飛曹の赤松分隊士の印象は「ノンべでスケべ」。これについての証言は数多あるが、相応の場所で紹介したい。

赤松分隊士があまり好感を抱かなかったのは、三〇二空に大勢いた十三期予備学生出身者だ。「雷電」分隊にも錬成士官の立場で二〇名あまりがいて、主として零戦に乗り、「雷電」の操縦訓練を受けたのは数名だけ。実戦参加は皆無である。

予備士官の個々の人物を嫌っていたわけではなく、

海軍のメシの数がわずかで技倆がなべて低いのに、すぐに少尉に任官し、一部は自分を追い越して中尉に進級した。上官には違いない彼らを「新中尉」と揶揄して呼んだりしたので、予備士官たちからも煙たがられたのだ。

後任少尉の彼ら十三期出身者はもちろん「松ちゃん」とは呼べない。そのうちで、十九年十二月に中尉に進級して先任になった者も、「赤松少尉」「赤松中尉」を使った。

「深追いするな」

局地防空専任の内戦部隊・三〇二空にとって唯一の例外が、マニラ近郊のニコルス基地へ出向き反跳爆撃を実用実験、という名目の外地進出だ。新品の零戦五二型を群馬県太田の中島飛行機で受領して、三〇二空と横空とから六機ずつが十九年十月二日に発進した。真の目的は、連合艦隊司令長官・豊田副武大将らが乗る一式陸攻二機の護衛である。台湾・高雄を経由して、横空の六機は全機ニコルスに着いたが、赤松少尉が指揮官の三〇二空は故障、不調で減って、少尉と八木上飛曹、小林勝治上飛曹の三機だけ。それでも合計九機の零戦は大任を果たし、十月九日には台湾の新竹に帰ってきた。

間が悪いことに、機動部隊TF38の艦上機群の沖縄、台湾空襲にぶつかった。乗機の零戦は現地部隊にわたしたあとなので、手だれたちは戦いようがない。

八木氏「赤松さんが新竹のトップ（台湾空司令）に『若いのばかりが上がっても仕方がな

い。われわれに飛行機を』と交渉しましたが、許可されません。銃爆撃のなかを逃げまわりながら『列線の機を奪って上がるか』と相談したが、やはり無理でした」

関東地方の上空にボーイングＢ－29偵察機型のＦ－13が現われたのは十一月一日。一万メートル以上の高空をゆうゆうと飛び去る敵機を、「雷電」をはじめ日本戦闘機が攻撃できずに見送る日が続いた。

ニュース映画中の一コマ。赤松中尉が「雷電」の模型を手に、敵戦闘機に対する空戦時の機動を教える。

東京がメインのＢ－29関東空襲は、十一月二十四日から始まる。赤松少尉は「雷電」による戦闘法を自分で考えながら、士官、下士官兵に教えていった。そのなかに、前出の甲飛十一期出身の村上一飛曹がいた。

村上氏「対Ｂ－29は全員が直上方攻撃だ、と赤松少尉から言われました」

山川氏「しかし何回かやってみて、編隊を組んだ敵の火網がすごいんで『山川、上から行くのは下の下だよ。こっちは機銃が四つしかないのに、向こうは四〇以上ある』。そこで赤松さんは、ななめ前下方攻撃への変更を伝えました」

敵のななめ前方、やや低位から撃ち上げる戦法である。背面から逆落としに迫る、きわどい直上方攻撃に比べ、敵弾を食う可能性がやや高いが、こちらからも狙いをつけやすく、離脱も容易だ。

十九年から二十年にかけての冬は、陸軍の空対空特攻・震天制空隊がB－29攻撃に成果をあげた。生還の確率がわずかなこの決死戦法を、海軍は採用しなかった。赤松少尉もこの点ははっきりしていた。

村上氏「赤松少尉は『陸さんのように体当たりするな』と明言しました。『深追いするな』とも。分隊士といっしょに出て、言いつけを守って戦死した人はいません。分隊士のおかげで生き残れたと思っています」

二月十六日、第58任務部隊（機動部隊）が放ったグラマンF6Fの大群が、早朝から関東各地に襲いかかった。当時、「雷電」は対戦闘機戦は不利と見なされ、十数機がいったん北へ飛びつつ高度を取ってから引き返し、態勢有利なら交戦する策が立てられた。

先頭を飛ぶ先任分隊長・伊藤大尉（十一月に進級）は引き返さない。転出した宮崎大尉から分隊長職を引きついだ寺村純郎大尉は、これを不服としてUターン。谷田部空に降りたのち、先任分隊士の坪井庸三大尉（予学九期）とともにF6Fと二対四の空戦に入り、「雷電」で戦闘機と闘えることを実証する。

翌十七日は「雷電」を訓練用の零戦五二型に変え、二個小隊八機が赤松少尉と寺村大尉の指揮で上がった。赤松少尉は二機を撃墜したが、列機の赤井賢行中尉（海兵七十二期）は禁じられた深追いののち未帰還になった。寺村大尉は三機を相手に空戦し、激しく被弾しつつも帰投できた。

寺村氏「『雷電』は松ちゃんと磯やんから教わりました。私が宮崎さんのあとの第一分隊長になったのは、単に階級によるものなんです」

第一分隊長・寺村純郎大尉が「雷電」二一型のプロペラにもたれる。彼は赤松分隊士の技倆に全幅の信頼をおいた。

「厚木にもどったら、松ちゃんが先に帰っていた。『追いかけられて帰ってきたんだ』と言うと、『分隊長、そのときやられたんですか』と問われました。『えっ？』『方向舵が半分ないから、見てきなさいよ』。このとき、（戦意が分かって）彼が私を分隊長と認めてくれ、垣根が取り払われた気がしました。松ちゃんは親しみやすく、酒と柔道と水泳に強いイメージです」

同日、最後の出撃で、赤松中尉はラバウル帰りの坂正一飛曹（丙飛十期）を列機に発進。ふたたび二機を落として帰還したが、Ｆ６Ｆを追いすぎた坂兵曹は被墜、戦死した。

四月初め、寺村大尉は第一飛行隊長・山田少佐に呼ばれて、沖縄戦に協力のため鹿児島県笠ノ原基地への進出を伝えられた。首都圏防空に戦力を集中したい山田少佐は、「雷電」に乗れる搭乗員を出ししぶった。

寺村氏「こんどは戦闘機とばかりやるから、腕達者が必要です。『松ちゃんだけは連れていかせて下さい』と山九さん（山田少佐のあだ名）に真剣に頼みました。仕方がない、という感じで認めてもらった」

機材はもちろん零戦。一機の尾輪が壊れ、七機で四月十日に進出した笠ノ原には、合計六個隊の零戦が集まって、すでに戦いは始まっていた。このときの最先任、横空派遣隊の岩下邦雄大尉は赤松中尉を見つけて「悪いけど松ちゃんは（作戦飛行時は）俺の隊にもらうよ」と宣言した。こんな辣腕が自分の編隊にいたら、と誰でも思う。

すぐ十日の菊水二号作戦に出て、二～三日後の空襲時、すばやく簡易防空壕の穴に入った赤松中尉の上から、何人もがとびこんだ。彼は肋骨を折り、厚木へ送り返された。

「雷電」対P-51

陥落した硫黄島を基地に、四月七日から関東に侵入したのが強敵Ｐ-51Dである。内地の戦闘機隊はいちように対戦で苦しんだ。

日にちは詳らかでないけれど、腕利きの山川上飛曹（五月に進級）が赤松中尉の列機について、「雷電」四機で相模川へ向けて南西方向へ飛行中、二〇機ちかいＰ-51の集団を下方に発見した。

山川氏「索敵のとき赤松さんは一瞬たりとも、まっすぐ飛びません。ついていくのが大変です。P－51を見つけて捕捉し、赤松さんが短い一連射で煙を吐かせました。『こっちが撃つとき、後ろに一機いるから気をつけろ』が赤松さんの教えです。振り向くと、このときも一機が後方に占位しつつあった。深追い禁止の鉄則どおりすぐに急上昇にかかり、空域を離脱しました」

硫黄島から飛来した第72戦闘飛行隊のP−51Dが厚木基地の周辺上空を索敵する。日本戦闘機は苦闘をしいられた。

工藤氏「赤松中尉が列機に同期の西條（徹上飛曹）をつけて、P－51を一機落としました。上野（典夫）大尉（海兵七十二期）が戦死した日（六月二十三日）です」

「私が赤松さんの編隊に入れてもらったのは、終戦まぎわの八月十日。離陸後、敵影を見ないうちに、『雷電』のエンジンから油を噴いた。故障かと思ったが、風防に付いた油は血だったんです。P－51に撃たれて右目が血で見えなかったが、不時着できました」

沖縄航空戦の根拠地・南九州を叩くため、来襲するB－29。鹿児島県鹿屋基地に三〇二空、三三二空、三五二空の「雷電」を集め、四〜五月に邀撃を実施した。三〇二空は伊藤分隊長を空中指揮官として、「雷電」分隊の六割ほどの戦力を派遣した。前述のように、寺村大尉、赤松中尉らはひとあし早く、零戦で笠ノ原へ進出していた。

鹿屋へ派遣され、そこで先任下士官から准士官に昇進したのが河井繁次飛曹長だ。鹿屋から帰還後、河井飛曹長は赤松中尉の列機につき、小田原付近の上空でP－51と二対二の空戦を「雷電」で展開する。敵の高度は一五〇〇〜二〇〇〇メートル、「雷電」が高度の優越を保っていた。

P－51は下方で旋回する。赤松機が引き上げると、ななめ後方の河井機もそれに従う。P－51が上昇を指向しても、河井機がじゃまになって上がれない。逃げようとしても高位の「雷電」が追いつき、一撃を加えられてしまう。

河井氏「われわれは近づいては引き上げる。次第に距離を詰め、接近して、一機は赤松中尉が確実撃墜。もう一機も、その後に落としたと覚えています」

「この戦法でいけば、性能差を機位でカバーして落とせる、と分かりました。豪胆にして冷静な、赤松さんならではのやり方です」

五月二十九日の横浜空襲のおり。射撃照準機が故障で点灯せず、無線電話も聴こえない「雷電」単機で、P－51一〇機と不利な空戦に入った寺村大尉は、被弾、発火した機から落下傘降下で生還できた。

両腕を火傷(やけど)し、隊内入室で休んでいると、赤松中尉が見舞いに来て励ました。「分隊長、これからですよ。まず落とされて。私の若いときと同じだ」

寺村氏「二〜三日して、また松ちゃんが来て『やる気のないのを追い出して、やる気のある者だけで戦いましょう』と言うんです」

「やる気のない者」とは第二分隊長の伊藤大尉をさす。二月のF6F来襲などのおり、戦意が感じられなかったことに、赤松中尉は立腹していた。このあと自分の思うところを、飛行長職を受けていた山田少佐に語ったのは間違いない。

伊藤大尉は水上機からの転科で、本来の気質が戦闘機乗りとは異なる。見敵必殺の精神よりも、粘りづよく行動して成果につなげる方が合っているのではないか。二月に「雷電」を危機から遠ざけたのも、一〇〇パーセント悪手(あくしゅ)とは言いがたい。

ともあれ、赤松中尉の進言が効いて、伊藤大尉は七月末日付でロケット戦闘機「秋水」の三一二(さんひとふた)空へ転出。その後任に赤松中尉が納まった。階級が彼より上の海兵七十二期の塚田浩大尉は、新分隊長人事に納得していたという。

そもそも赤松分隊士の三〇二空への転勤そのものが、彼のふるまいを嫌った者たちによる、やっかい払いとも見なせよう。しかしマイナスの思惑は裏目に出て、厚木基地に独特の貢献をなす。

希有な姿を知る証言者のほとんどは、すでに世を去った。しかし赤松分隊士の逸話は、敗戦直後の逃避行、山梨県御坂峠での逗留をはじめ、まだまだ語り残されている。いつの日にか、筆をとる機会が訪れるかも知れない。

零式小型水偵から「雷電」へ
——正反対の飛行機を乗りこなして

本書の前稿に、赤松貞明中尉が第三〇二航空隊に在隊した当時の状況をまとめた。そのなかで、「雷電」隊・第二分隊長として彼の先任者だった伊藤進大尉に、いささかながら言及している。それは赤松中尉が見た額面どおりの姿なので、より低いレベルの人物と見なされる恐れがなきにしもあらずだ。

そうした危惧（きぐ）を除くために、この短編で伊藤さんの本質と実績を、もう少し詳しくつづっておきたい。

二刀流のインストラクター

中国大陸でのいわゆる一五年戦争の、発端である満州事変が始まる一年前。昭和五年（一九三〇年）六月に海軍に入った第一期少年航空兵（のちに乙種飛行予科練習生と改称）は七九名。

彼らが、甲、乙、丙、特乙の四種に拡大されていく予科練生の始祖である。受験資格の学歴は高等小学校卒業だが、中学卒業者も少なからずおり、陸軍大将や伯爵の子息、オリンピック候補選手などが含まれていた。兵学校を超える難関と称しても間違いにはなるまいし、合格者の知能と体力の水準の高さは、想像に難くない。

重巡洋艦「衣笠」に乗り組んだ伊藤進兵曹。九〇式三号水上偵察機が彼の乗機だった。

一年半の飛行予科練教程を終えて、飛行練習生へ進む。水上機へまわった者が一八名いて、伊藤一空（一等航空兵の略称）はそのなかの一人だった。飛練の教程も一年半。当時は水偵操縦要員の実用機教程を二座（複座）と三座に分けず、全員が三座のコースを学んだ。

八年六月の飛練卒業後、内戦部隊の呉航空隊をへて、軽巡洋艦「球磨」の九〇式三号水上偵察機（三座）に搭乗し、華南、台湾、仏印（ベトナム）を飛んだ。三等航空兵曹に任官後、重巡「衣笠」に転勤。乗機はやはり九〇式三号水偵である。

一空曹に進級後まもなくの十一年末、霞ヶ浦航空隊の教員を命じられ、陸上機の三式初歩練習機（二座）に乗った。一般人の想像とは異なって、水上機からの転換は容易で、彼も「陸上機の方が楽」と、水上機上がりの転科者に共通の感想を抱く。

しかし、また水偵搭乗員に復帰。日華事変中の十三年十月、華南・香港の東のバイアス湾における敵前上陸作戦で、軽巡「神通」の九四式水上偵察機（三座）を駆って支援に飛んだのが、伊藤一空曹の初の本格作戦行動だった。

ふたたび霞空（かすくう）にもどり、十四年末に新設の岩国空の教官に。水陸両方の練習部隊だったが、進級直後の伊藤空曹長はまたしても陸上機の教員に任命された。とくに陸練のインストラクターが不足なわけではないのに、この処遇の要因は、彼の教育能力の高さゆえ以外には考えにくい。

伊号第二十一潜水艦の起倒式クレーンで零式小型水上偵察機一一型を海面に降ろす。機長の伊藤飛行特務少尉が操縦する。

さらに翌十五年の十月、こんどは館山空で九五式水上偵察機（二座）、ついで零式観測機（二座）の教員を勤めるのだ。水上機と陸上機を交互に教えた操縦員は、寡聞（かぶん）にして類例を知らない。

新造の伊号第二十一潜水艦に乗

り組んだのは、十六年の初秋だ。開戦に至ると、ハワイから米本土まで東進し、ニューカレドニア、フィジーからニュージーランドをめぐる。

十七年五月、二人乗りの特殊潜航艇三隻による、オーストラリアのシドニー湾在泊艦攻撃（三十一日）を前に、伊二十一潜の零式小型水上偵察機（二座）は湾内を先行偵察した。この行動は公刊戦史などでは二十九日の黎明（れいめい）とされているが、進級直後の機長・伊藤少尉の回想は次のように異なる。

目標から六五キロほどの洋上で発艦し、三十日の月夜に湾の上空に侵入する。高度三〇〜四〇メートルまで降りて、偵察席の岩崎二飛曹が手持ちの探照灯で照射。在泊艦艇を視認し、月が隠れた空を無事に帰投した。このときは敵の警戒がゆるかったが、十八年一月の二度目のシドニー湾偵察では、射撃を受けて、迂回（うかい）を余儀（よぎ）なくされたという。

「潜水艦乗りは謙虚（けんきょ）で優秀」が伊藤少尉の印象だ。緻密（ちみつ）な勤務ながら家族的ふんいきを有し、狭苦しい艦内で持久して、水圧死と隣り合わせの日常にへこたれない乗組員を、彼の眼は正確にとらえている。

半年あまりの潜水艦乗り組みを三月に終え、次の転勤先は、三度目の霞空でのインストラクター。海兵出の飛行学生を一年三ヵ月のあいだに五期（第三十八期〜四十二期。三十八期と四十二期は一部期間）教えたが、受け持ちのなかに、のちに特攻・敷島隊を率いる関行男中尉、やがて厚木基地でともに分隊長を務める宮崎富哉（とみや）中尉がいた。

着実に「雷電」に乗る

霞空から、分隊長要員として第三〇二(さんまるふた)航空隊へ転勤したのは十九年七月だ。厚木基地での乗機が零戦ではなく、初めて見る局地戦闘機「雷電」と知って「いやな格好をした飛行機だ」とは思ったが、それ以上の嫌悪感や不安感は抱かなかった。

前任地・霞空で零戦の操縦訓練はすませていたが、「雷電」はとても同列に語れない難物機である。操訓用の説明書を読み、第二分隊長・磯崎千利(ちとし)中尉、分隊士・赤松貞明少尉に性能の特徴と勘どころを聞いて、搭乗を開始する。

「水上機乗りは陸上機へ移れるが、その逆は無理」と水偵操縦員が述べる理屈は間違っていない。それだけ微妙繊細(せんさい)な着水のコツを会得するのに、慣熟した陸上機の操縦技術はどうしてもじゃまになるからだ。

陸上機に移った水偵操縦員の多くが、零戦乗りに変身した。零戦で飛んでみて、誰もがいちように離着陸をふくむ乗りやすさに感銘を受け、転科した自分の技倆に自信をいだく。しかし、これは乗機が飛行特性のごくすなおな零戦だからで、操縦困難、事故と故障が多発する「雷電」を与えられたなら、そうかんたんに「水上機乗りは陸上機へ移れる」とは言えなかったに違いない。

「雷電」に搭乗した伊藤中尉は、高速で高難度の離着陸をこなし、慣熟が進むにつれて、さまざまな機動を試していった。操舵感覚は軽いが、旋回半径が大で、格闘戦を主体にした対戦闘機戦は行ないがたい。降下速度を最大の四〇〇ノット（七四〇キロ／時）まで出してみる。これは強度テストの一種で、機の安定と引き起こしが難しいが、三〇二空では試飛行の最後に実施する段取りになっていた。

全速で降下する「雷電」を、引き起こしにかかったのは高度三〇〇〇メートル。少しずつ機首を上げて、水平飛行の状態になったときは高度が一〇〇〇メートルしかなかった。

零戦に比べて、速度と上昇力の優越を伊藤中尉は強く感じた。これまでに経験した飛行機は「翼に乗って飛ぶ」感じだったが、「雷電」は「エンジンにまたがって駆けめぐる」気がした。言い得て妙、である。

こんな強力さの半面で、トラブル、不具合が多発する動力関係の脆弱さ。「故障が多い」と聞かされて神経を使った中尉だが、彼が飛んだときには判然とした故障はほとんど生じなかった。予科練時代の座学と、研究心で習い覚えた発動機整備術を生かし、エンジンに逆らわないようにうまく動力を使って飛んだからだろう。

中尉が「雷電」で、トラブルによるイレギュラーな結果を味わったのは、胴体着陸が一回だけ。原因は主脚が出ない故障だったから、責任は彼にはない。充分な慣熟が必要な着陸を巧みにこなし、教え子の宮崎大尉（九月から第一分隊長）に「ああ、やっぱり上手いなあ」と言わせている。

海軍の下士官と特務士官の進級の大半は、十一月と五月の一日に集中する。九月に第二分隊長に補職されていた伊藤中尉は、十九年十一月一日に大尉に進級。

同日、単機で初来襲したボーイングF－13A（B－29「スーパーフォートレス」の写真偵察機型）を、「雷電」で追ったが捕捉できなかった。「雷電」分隊、零戦分隊の空中指揮をとる第一飛行隊長・山田九七郎（くしちろう）少佐も、「雷電」で上がったが、潤滑油の送油バルブが閉まったままだったため、エンジンを焼き付かせて不時着し、修理不能の破損をこうむった。

海兵六十四期出身の山田少佐は二座水偵の専修で、飛行歴は伊藤大尉よりも六～七年若い。十七年夏～十八年早春に、アリューシャン列島のキスカ島に滞在。二式水上戦闘機で米第11航空軍と戦って、P－38「ライトニング」、P－39「エアラコブラ」両戦闘機の撃墜を報じた。水偵出身の転科者としての空戦キャリアだけを見れば、伊藤大尉を上まわっている。

少佐はこの不時着事故にこりたのか、以後は「雷電」への搭乗をしぶり、伊藤大尉が彼の名を搭乗割に書きこんでも消してしまう。「上がって下さいよ」と頼んでも、「地上で連絡を取らねばならん」と答えるだけ。それまでウマが合っていた二人だが、このときからツーカーとは行かないぎこちなさが漂い始めた。

迎え撃つ空

F－13の偵察侵入に続いて、十一月二十四日からB－29の首都圏空襲が始まった。

たとえば「雷電」一五機が出動して、編隊を組み終わるまでに、まず二機ほどが故障で引き返す。高度五〇〇〇メートルに至るまでに、二〜三機が不調を訴えて帰っていく。さらに九〇〇〇〜一万メートルの高度に上昇するあいだに落伍機が出て、高高度邀撃(ようげき)の空域に達するのは八機ならまずまずの成績だった。

他の「雷電」、零戦搭乗員に比べて、伊藤分隊長が有利なのは、予科練と水上機時代に鍛えた無線電信の送受信の腕を持っていたことだ。無線電話は到達距離が短く、騒音がまじりやすいが、電信なら格段にクリアーだ。これを「月光」「銀河」および「彗星」夜戦の偵察員なみに聴き取れるから、電波への環境が芳(かんば)しくない日でも、敵の来襲情報を把握できた。十九〜二十年の冬、昼間空襲に来攻するＢ−29群を襲うべく、伊藤分隊長は列機をひきいてよく出撃したけれども、確たる戦果を得られなかった。

彼の「雷電」二一型は、機首と垂直尾翼を黄色に塗り、胴体に黄帯を巻いた固有の１１６３号機。出来がよく、エンジンや各部機構も不調が少なかったが、それでも高高度での機動は容易ではなかった。しかし、下士官兵の乗機はそのつど異なり、機材の良否は上がってみないと分からないのだ。

その後、伊藤機は152号機に変わり、黄桜の撃墜・撃破マークが垂直尾翼の上部に描かれたが、黄色の部分は胴帯だけで、全体の塗装としては地味な色調に抑えられた。

赤松少尉が提唱する、Ｂ−29をななめ前方やや上方に見て、すれ違いざま一撃をかける前下方攻撃を、大尉も主用した。けれども、機内から伊豆大島と佐渡島が左右に見える広大な高空域で、かなたを飛ぶB－29に接近し、攻撃位置に占位できる機会をつかむのが、そもそも困難だった。

高高度飛行中のB－29を捕捉しがたいのは、ひとり伊藤大尉に限らないが、部下から見た彼の技倆（ぎりょう）はどうだったのか。

大尉の列機を務める甲飛予科練十期の西條徹上飛曹が、所用で出かけていたため、同期の福井二郎上飛曹が代理で、編隊空戦訓練の相手役を命じられた。二対二の一方の二機を、大尉と福井兵曹が担当するわけだ。

雪解けの駐機場に立った第二分隊長・伊藤大尉。後方は「雷電」二一型。

尾部を取り合う巴戦で後方に相手編隊を見ながら、福井兵曹はきつい旋回をうって回りこみたかったが、「一番機を置き去りにしてしまってはまずい」と躊躇（ちゅうちょ）し、手ごころを加えて旋回した。

これは二十年三～四月のことで、甲飛十期が実施部隊に着任して一年半ちかくがたっており、戦闘機乗りにとって大切な空戦の勘が育っていた。福井兵曹は三〇二空の前に三四一空で局地戦闘機「紫電」に乗っており、大馬力戦闘機の扱いになじんだ点もプラスである。

内地の上空に初めて、米空母から発艦の艦上機が現われた二月十六日。「雷電」二個分隊の選抜搭乗員（赤松少尉は不在）が乗る一八機は、伊藤大尉の指揮で高度を取らないままひたすら北へ向かい、群馬県に入って高度を上げて、埼玉県北部にある陸軍の児玉飛行場に降着した。

関東沿岸部の航空施設を襲った敵機の行動を避ける飛行だが、対戦闘機戦が不得手な「雷電」の損耗を防ぐ目的もあったから、指揮官が弱腰というには当たらない面がある。もしF6F「ヘルキャット」、F4U「コルセア」両艦上戦闘機に戦う姿勢を見せたなら、多勢に無勢でもあり、敵の重層配備の罠にはまって多くは撃墜されたと思われる。

この行動を納得しかねる第一分隊長・寺村純郎大尉、坪井庸三大尉ら三機が、途中で別動し、両大尉はF6Fと激しい空戦を展開する。坪井大尉は伊藤大尉と同じく水偵操縦員からの転科だが、積極的な戦闘意欲をつねに維持していた。この種の意思はどちらかと言えば、もと水偵乗りとしては少数派だろう。

四月七日以降、高性能のP-51D「マスタング」戦闘機が硫黄島からB-29を掩護して、あるいは単独で侵攻を始めると、「雷電」の戦いは一段と困難化し、よほど有利な態勢でなければ、勝敗の帰趨は明白だった。

搭乗割で鈴木博信上飛曹が、伊藤大尉の列機に入ったのは、P－51の来襲が予想されていた四月十九日。好調の分隊長機が全速飛行を続けたため、鈴木兵曹の「雷電」は途中で追随しきれず、あきらめて厚木基地に帰ってきた。この間にP－51と会敵しなかったのは、まさしく幸運と言えよう。

長機が索敵時に、列機の存在を考えずフルパワーを出すのは歓迎されない。編隊空戦の機会がめったにない水偵出身者には、このあたりの配慮になじめなかったのだろうか。戦闘機専修の鈴木兵曹は、伊藤大尉の技倆を「さほどでもないのでは」と感じていた。

鹿屋でも撃破を記録

沖縄戦が始まるとB－29は任務の主体を、市街地や軍需工場などへの戦略爆撃から、南九州の航空施設への戦術爆撃に切り替えた。沖縄へ向かう日本機をつぶすためだ。これを阻むべく、三〇二空、三三二空、三五二空の防空三個航空隊の「雷電」を、鹿児島県鹿屋基地に集めて、邀撃戦を実施する策をとった。

「雷電」の鹿屋進出は、四月二十三日から始まった。三〇二空が一九機、三三二空が一七機、三五二空が一〇機（一一機？）で、合わせて四六機。「雷電」にとって最大規模の戦いである。三〇二空の空中指揮官は伊藤大尉で、操縦員全体の最先任だった彼は、決戦場・沖縄への海軍の根拠基地である鹿屋に来て、緊迫した空気を痛いほど感じた。

伊藤大尉(後ろ向き)が発進前の注意を伝える。聞く部下は右から伊沢清吉上飛曹、西條徹上飛曹。遠方手前の黄帯を胴体に巻いた「雷電」二一型152号機が、大尉の２機目の固有機だ。

初出撃は四月二十七日の朝。三〇二空を主体に一九機が離陸し、伊藤大尉が指揮をとった。小隊四機（一部は三機）ごとに敵に指向する。B-29の投弾高度は、首都圏爆撃時の八〇〇〇～一万メートルに比べて、格段に低い三〇〇〇～五三〇〇メートル。「雷電」にとって、戦いやすいのは言うまでもない。

しかし、未知の空域であるうえ、関東と違って侵入から離脱までの時間が短く、交戦は低調だった。伊藤大尉には戦果はなく、塚田浩中尉と河井繁次上飛曹が一機ずつを撃破し、白煙を吐かせた。

大尉の乗機は152号機から、157号機に替わっていた。152号機の前に大尉が乗った１１６３号機には、塚田中尉が鹿屋で常用した。新造機を分隊長がもらい、好調の既存機を塚田中尉が譲り受けたのだろう。

翌二十八日の朝の出撃は二七機で、そのうち一二機が三〇二空から。伊藤大尉は敵編隊に対し、直上方攻撃くずれとも言うべき六〇度の降下攻撃を加え、一機に白煙を吐かせて後落（編隊から遅れる）させた。B－29はゆるく降下しつつ飛来するため高速で、充分に捕捉しきれなかった。

九州の航空施設を目標に、第330爆撃航空群のB－29が山岳地帯の上空を北上する。胴体の下面から出ている半球体はAN/APQ－13地形表示レーダーのアンテナを入れたドーム。

五月三日、大尉の157号機は不調をきたし、鹿児島県内の志布志飛行場（不時着用）に降着している。七日には「雷電」ほか八機との協同戦果で、撃破四機が記録されたが、戦闘状況は詳（つまび）らかでない。「私が降りてから報告するよりも、下（基地）で記録する戦果の方が多くなっている」と伊藤さんが筆者に回想を語ったように、第五航空艦隊司令部で希望的観測を加味したのだろうか。

鹿屋に残留の三五二空に機材をわたして、五月なかばに厚木基地に帰った「雷電」搭乗員たちにとって、関東の空はより戦いにくい状況へと変わっていた。P－51はB－29の護衛のほか、単独で戦闘機掃討戦（ファイター・スウィープ）をめざして来襲。「雷電」が見つかったなら、制圧され撃墜される可能性が高かった。

伊藤大尉が戦える空は、ほとんど残っていなかった。

五月末~六月初め、飛行長・山田九七郎少佐への赤松中尉による直訴が要因で、伊藤大尉の転勤措置が実現し、七月末日付で三一二空分隊長に任じられる。二月に新編の三一二空は、ロケット戦闘機「秋水」装備を予定して作られた部隊で、なんら実績を残せなかった。

「あとは霞ヶ浦(基地近く)の山のなかで終戦ですよ」

伊藤さんは語り続けた追憶を、こう締めくくった。

今日の眼で見て、伊藤大尉の三〇二空での存在感は、強く大きいとは言いがたい。それなら彼がなした実績は、軽視されてしかるべきものだったのか。

まず高く評価すべきは、水上機からの転科なのに難物機「雷電」の分隊長を務めたことだ。しかも、在職期間の一一ヵ月のあいだに、大きな失態を演じていないのはりっぱである。兵学校出の零戦分隊長に、この点で合格を出しがたい者が見受けられることを思えば、なおさらと言えよう。

対戦闘機戦は能力的にやや荷重、と感じていたと思われる。それがF6F、P-51来襲時の消極姿勢につながったのだろう。だがこれは、「雷電」と搭乗員の技倆、損失を考えれば、下手に積極的に出ないのが賢明な判断だった。

B-29邀撃戦については、鹿屋派遣時も含めて、及第点を与えられる。そして、こうした戦いが「雷電」の本務だったのだ。

分隊長としての隊員に対する観察も、士官、下士官兵の区別なくおおむね公平だ。自分を追い出すように動いた赤松中尉についても、「あれだけうまければ、（「雷電」で）Ｆ６Ｆも落とせる」とほめ、尊敬の念を著者に表わした。

三〇二空「雷電」隊で伊藤大尉は、赤松中尉と対照的なポジションにあった。彼の存在を意義あるものとみなして、前稿「伝説の赤松分隊士」への〝返歌〟としたい

無敵伝説へのプロローグ
——零戦が初めて敵を捕らえた

その飛行機が優秀だったか否かの判定は、人間と同じで、切り口によって大小さまざまな差が出る。多様な性能、装備に機数、運用者の腕まえ、相手の能力、それに運までが加わって構成される飛行機の〝生涯〟は、単純なひと言ではとても述べきれない。さらに評者の視点の違いがあるから、評価は何種類にも分かれてしまう。

過去はもちろんのこと、おそらくはるか未来までも含めて、少なくともネームバリューの面で零式艦上戦闘機をこえる日本機は、まず出てこないだろう。零戦は良くも悪くも、戦前の日本が到達した技術力の指標である。そして開戦後は、日本の戦力そのものだった、と形容しても間違いではあるまい。

航空部門の日本の代表だからこそ、思い入れは強くなる。その一典型が「戦争前半の零戦は無敵だった」とする「零戦神話」である。筆者もできればこの「神話」を支持したいが、敵味方の正確な状況を知るほど無理が生じてくる。

それでも「神話」を探し求めるなら、昭和十五～十六年（一九四〇～四一年）の中国大陸における活躍が該当するに違いない。この間の零戦は二流半の中国空軍を相手に圧倒的に強く、長所ばかりが目立って、欠点を露呈するいとまがなかったからだ。

その「神話」の第一ページに書かれるのが、九月の十三日・金曜日にくり広げられた著名な空戦である。

三回のカラ振り

湖北省を流れる揚子江の河岸・漢口のW基地と、その北西にある十四基地（孝感）に展開した中攻隊は、陸軍重爆隊の応援を得て、昭和十五年五月十七日から、奥地の四川省に後退した中国国民政府軍の中枢をたたく、百一号作戦を開始した。漢口から重慶までは七八〇キロ、九六式艦上戦闘機の航続力ではとうてい掩護（えんご）しきれず、護衛機なしのハダカで進攻せねばならない九六式陸上攻撃機（中攻）は、そのつど敵のソ連製戦闘機I-16やI-152（I-15の改良型）の激撃（ようげき）を受け、出血が続いた。

百一号作戦は九月五日に終わる。この最後の半月間、様相は一変した。七月なかばから漢口に進出した新鋭の十二試艦上戦闘機が、八月十九日以降、中攻隊の全航程に随伴したためだ。新戦闘機の出現を知った中国空軍戦闘機隊は、ぱったり姿を現わさなくなった。

零戦隊が中継基地に使った宜昌の飛行場。ここから480キロ西に重慶がある。

第十二航空隊の先任分隊長・横山保大尉が、第一陣を引きつれて漢口に到着して九日後の七月二十四日、十二試艦戦は零式一号艦上戦闘機一型の名で制式機に採用された。零式一号戦を見た十二空の搭乗員のほとんどは、乗りなれた九六艦戦に比べて二まわり大きな図体に驚いたが、内容（性能）の差はもっと大きい事実をまもなく知らされる。

八月十九日の初出撃は、横山大尉指揮の第一中隊が七機と進藤三郎大尉指揮の第二中隊が六機の、合わせて一三機。午前九時すぎに前進基地の宜昌（ぎしょう）（二十一基地）に到着した。

宜昌はこの日のために二ヵ月前に陸軍が占領した飛行場で、漢口から重慶まで直線距離で七八〇キロなのが、四八〇キロに縮まる。それでも九六艦戦には空戦時間がきびしいのに、十二試艦戦ならなんの問題もない。

ただ、周囲には中国兵が多数ひそんでいて、ときおり弾丸を撃ちこんでくる。滑走路の地固めが充分でなかったため、一中隊二小隊の藤原喜平二空曹機が、着陸のさいに主脚をとられて転倒、機体は中破した。この一六八号機は以後、使用された形跡がなく、廃機処置がとられたようだ。

昼食後、宜昌を発進した零戦一二機は、中攻隊と合流して重慶上空に達した。しかし、在空の敵機は見られず、百一号作戦の目的の一つである「敵空軍の撃滅」は果たせなかった。

九六式艦上戦闘機では捕捉しにくい、引き込み脚で高速のＩ－16戦闘機。

翌二十日、伊藤俊隆大尉指揮の零戦一二機が宜昌に前進。中攻隊とともに重慶を攻めたけれども、やはりカラ振りに終わった。進撃中に岩井勉二空曹は、四川省の山岳地帯から奥地へ奥地へと煙が立ち昇るのを見た。新鋭機随伴を知らせる中国軍のノロシである。

三日後の八月二十三日には、九六艦戦を宜昌に前進させ、途中まで陸攻を掩護したのち引き返させる陽動策をとったが、重慶上空のハダカの中攻隊を襲う機すら見られなかった。ついこのあいだまで、九六陸攻に食い下がり火ダルマにした、中国戦闘機隊はどこへ逃げているのか。

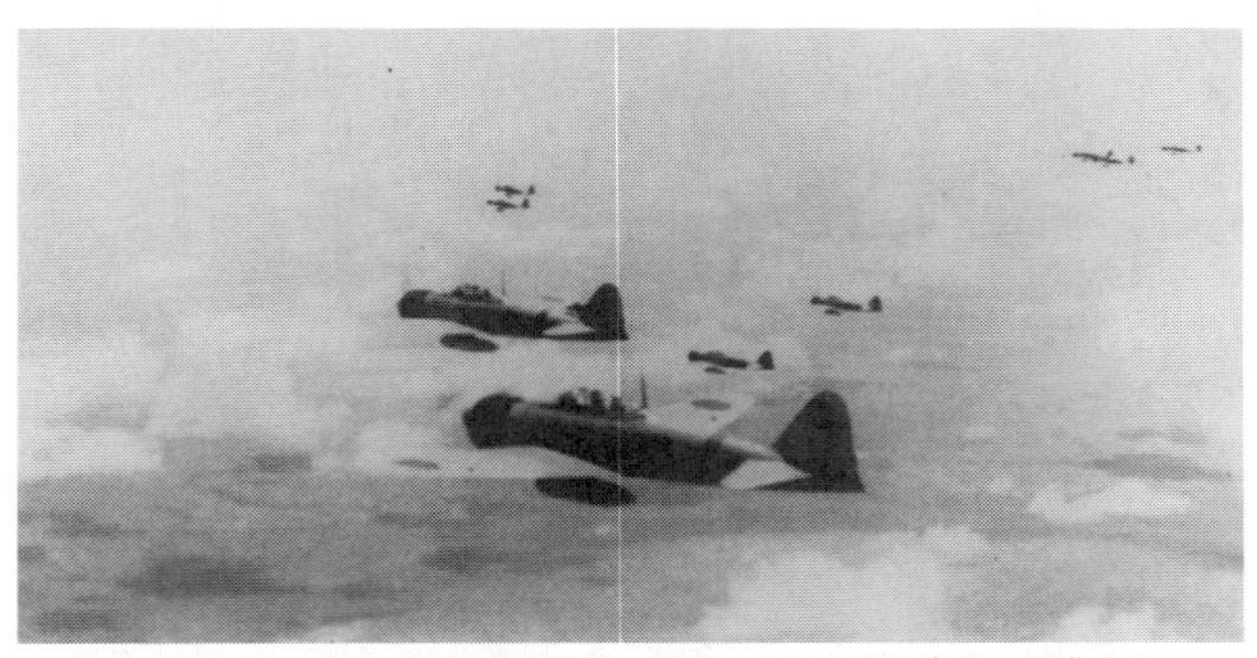

第十二航空隊の零式一号艦上戦闘機一型が、中国大陸を奥地へ西進する。

その後は天候不良の日が続いて、奥地攻撃は中断状態だった。九月五日に百一号作戦は終了。零戦の掩護がついてからの爆撃作戦は完全に成功したが、十二空戦闘機隊には、敵戦闘機をつぶす任務がそのまま残されていた。

天候回復後の九月十二日、横山大尉指揮の零戦一二機は中攻隊を守って三たび重慶へ進攻。今回は宜昌での中継をせず、漢口からストレートに飛んだ。だが、またしても敵機は姿を見せず、重慶市街とその南西にある白市駅飛行場に銃弾を浴びせただけで、帰投せねばならなかった。

この日、中攻隊と零戦が去った重慶上空に、敵戦闘機三二機が現われ、存在を市民に示すかのように二〇分にわたって旋回。いったん白市駅飛行場に着陸ののち、成都のある北西方面へ飛び去っていった。

このようすを、別動で重慶上空付近に残っていた、十二空の九八式陸上偵察機は見逃さなかった。陸偵がただちに漢口にもどって状況を伝えると、敵の手口を知った連合空襲部隊司令部（華中方面の海軍航空のトップ組織）はわきたった。日本機がいなくなったあとに敵機がデモ飛行をやるのなら、その裏をかけばいい。

陸偵、敵戦闘機を発見

翌日は十三日の金曜日。キリスト教圏ではない日本でも、当時すでにこれが縁起のよくない日柄（ひがら）であることは知られており、十二空搭乗員のなかで気にかける者もいた。

漢口に空輸されていた零戦は合計一九機。うち一機は八月十九日に宜昌で壊れたから、残りは一八機。このうち一三機が用意された。九月十三日の午前七時、まず重慶方面の天候偵察に九八陸偵が発進する。通算三五回目の重慶攻撃の始まりである。

大陸における海軍の最高指揮官である支那方面艦隊司令長官が、搭乗員を一人ずつ激励し、午前八時半のW基地出撃を見送った。出発後ちょうど一時間で宜昌に着陸。搭乗員は昼食をとり、零戦に燃料が入れられる。先発の天候偵察機から、重慶上空は快晴との連絡が入った。

宜昌離陸は正午。高度二〇〇〇メートルへ上昇し、誘導の九八陸偵（機長・千早猛彦（たけひこ）大尉）と合流する。陸偵を先頭に一三機の零戦は、攻撃隊との合流空域・涪州（ふしゅう）へ向けて高度を上げつつ飛んだ。

零戦隊の編成は次のとおり。

▽**第一中隊**

艦戦隊指揮官兼一中隊長兼一小隊長——進藤三郎大尉（一六一号機）
一小隊二番機——北畑三郎一空曹（一六六号機）
一小隊三番機——大木芳男二空曹（一六七号機）
一小隊四番機——藤原喜平二空曹（一六九号機）
二小隊長——山下小四郎空曹長（一七一号機）
二小隊二番機——末田利行二空曹（一六五号機）
二小隊三番機——山谷初政三空曹（一七三号機）

▽第二中隊

二中隊長兼一小隊長——白根斐夫（あやお）中尉（一七五号機）
一小隊二番機——光増（みつます）政之一空曹（一六二号機）
一小隊三番機——岩井勉二空曹（一六三号機）
二小隊長——高塚寅一一空曹（一七八号機）
二小隊二番機——三上一禧（かつよし）二空曹（一七〇号機）
二小隊三番機——平本政治三空曹（一七六号機）

中攻隊を掩護しつつ重慶上空に進入、爆撃後いったん六〇キロほど東へもどり、ふたたび重慶へ引き返す、というのが作戦計画である。途中の天候は雲の一片もない快晴だった。

別動する敵情偵察の九八陸偵は、午後零時三十六分に重慶近郊の広陽覇（こうようは）飛行場から敵戦闘

漢口と揚子江を眼下に飛ぶ十二空の零戦。搭乗員を固定せず、初空戦ではこの166号機には北畑三郎一空曹が搭乗していた。

機四機が、ついで四分後に白市駅飛行場から一機が離陸するのを認め、各隊にあてて打電。指揮官・進藤大尉はモールス信号を読んで、敵の動きを知った。重慶付近から敵機が離陸したのは、零戦を避けるための空中避退に移ったからに違いない。そして昨日と同じく、日本機が去ったあとで重慶上空に舞いもどってくるのだろう。

帰還時の漢口の天候を気にかけていた進藤大尉の思考は、陸偵の敵情報告により、空戦の展開方法へと切り変わった。「今度はやれそうだ」との予感があったが、大尉は血気にはやるタイプではない。「イキがらない。淡々としていて、肝が太く動じない人」が、三上二空曹による進藤大尉評だ。

午後一時十分、七〇〇〇メートルの高度で涪州上空に到着。ここで零戦隊は誘導の陸偵と別れ、第二攻撃隊の九九式艦上爆撃機八機と合流した。かなたに第一攻撃隊の九六陸攻二七機を望見しつつ、最前方に立って重慶へ迫る。「十三日の金曜日」の意味を知る三上二空曹は、縁起には頓着せず、静かな音楽でも聴きたい気分でこれからの戦いに想いをめぐらしていた。

　高度七五〇〇メートル。いつもは煙霧にかすむ重慶市街が、明瞭に見えてきた。高射砲弾の炸裂煙をぬって午後一時半、中攻隊と艦爆隊がおのおのの目標へ投弾。両隊は旋回して漢口へ機首を向け、零戦隊もこれにならう。重慶から東へ七〇キロ、蘭市の上空で零戦隊だけが計画どおりUターン。

　午後一時四十五分、敵情偵察の九八陸偵から進藤指揮官の受聴器(レシーバー)に報告が入った。

「戦闘機三〇機、高度五〇〇〇メートル。I－16一〇、I－15二〇」

　この瞬間、零戦の初交戦は決定づけられた。

敵翼をちぎる二〇ミリ弾

　それから一〇分後、敵機は二七機との続報が送られてきたとき、一三機の零戦は重慶上空に突入していた。

　指揮官小隊三番機の大木二空曹は、白市駅飛行場へ向かう途中、左手方向三・五キロに、山岳地帯を背に飛行中の敵大編隊を発見。ただちにバンクと機銃発射で進藤大尉に知らせると、大尉は高度五〇〇〇メートルに約三〇機の敵を確認し、増槽を切り離したのち、敵編隊の鼻先を抑えようと降下突入を開始する。零戦隊の位置は重慶の南西約一五浬(かいり)（二八キロ）、高度六五〇〇メートル。

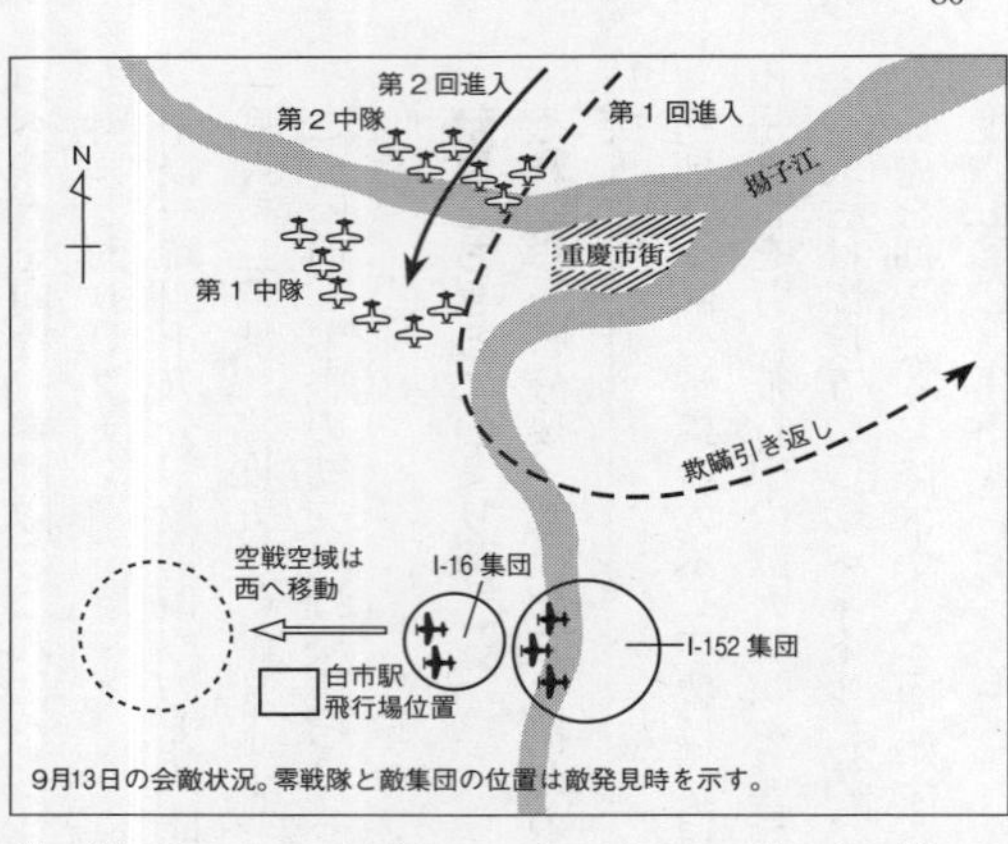

9月13日の会敵状況。零戦隊と敵集団の位置は敵発見時を示す。

敵機は前方が単葉で引き込み脚のI-16、後方が複葉で固定脚のI-152の二群からなり、I-152が主力だった。指揮官機に続く大木、藤原両二空曹は、燃料コックを翼内タンクに切り換えて増槽を投下し、I-16編隊に襲いかかる。二番機の北畑一空曹だけは、コックの操作ミスで先に翼内タンクを使っていたため、燃料不足を懸念して増槽を抱いたままだ。

第一中隊第一小隊の突入を望見した九八陸偵の偵察員は、この状況を基地へ打電した。

「一三五八（午後一時五十八分）空戦開始」

進藤大尉は一五〇〇メートル下方の敵に迫ったが、先頭のI-16二機が零戦を見て左へ旋回したため、射撃には至らなかった。だが彼の行動が、敵に飛行進路の継続を躊躇させて、集団は左旋回を始め隊列を乱した。

指揮官小隊で初戦果をあげたのは、北畑一空曹と大木二空曹。進藤機の後方についていたため、敵の動きを追う余裕があった。増槽を付けたままの北畑機は、燃料コックを未使用の胴体タンクに切り換えて、前方集団のＩ－16の最右翼機に右後上方から迫り、距離一五〇メートルで二〇ミリ機銃と七・七ミリ機銃を斉射。敵機の外板が引きちぎられ主翼がとんで、分解しながら墜落するのを見た北畑一空曹は、二〇ミリ弾の威力に驚嘆した。

大木二空曹の目標は最前方のＩ－16。後上方からの一撃で撃墜し、第二撃に移るため急いで上昇する。四番機の藤原二空曹は後方集団のＩ－152をねらい、後上方から二〇ミリ機銃の二連射で火を吐かせ葬り去った。

竹林に撃墜された中国空軍のＩ－152戦闘機。零戦にとって低速すぎ、かえってやりにくい相手だった。

進藤小隊の右後方にいた第二小隊長の山下空曹長は、Ｉ－16編隊に向けて降下したが、過速におちいって一撃目は致命傷を与えられず、第二撃の後上方攻撃（七・七ミリ弾のみ）でＩ－16に火をつけた。敵パイロットは脱出ののち落下傘降下する。山下機に続いた末田二空曹がＩ－152を撃墜し、パイロットは同様に機外へとび出した。

白市駅西方の山岳地帯へ逃げるＩ－152三機を、山谷三空曹が追撃。たちまち敵機に追いついたが、速度差がありすぎて好位置につくのが逆に難しいほどだった。態勢を立て直した三空曹は後尾機をねらい、一連射で止(とど)めを刺した。ついで二番機を攻撃すると、I－152は垂直に墜落、地表に激突した。

白根中尉がひきいる第二中隊六機は、一中隊からだいぶ離れていた。白市駅飛行場と敵機に向かって降下する進藤小隊を前方に認めた岩井二空曹が、白根中尉に手先信号を送って交戦開始を知らせる。中尉はほほえんでうなずくと、増槽を切り離して速度を上げた。

一中隊の急襲を受けて乱れた中国機集団に突入。高度七〇〇〇メートルから降下した白根機は、速度がつきすぎて第一撃は有効弾にならなかった。列機の光増一空曹は増槽を離し忘れ、いったん戦闘圏外に出て投棄してから、四連射でI－152を落とすことができた。岩井二空曹も小さな旋回半径に失速を恐れながら、一撃でI－152を撃墜。

二中隊二小隊長・高塚一空曹の獲物(えもの)は壮絶な最期をとげた。I－152の翼根部への命中弾を彼が確認したと同時に、火を発して両翼は吹きとび、一気に空中分解したのだ。

敵機がまるで金鶏勲章のように見えた三上二空曹は、小隊長機に続行してI－152に七〇メートルまで迫り、射弾を浴びせる。右下翼に大穴のあいた敵機は、三上機のすぐ上を航過したのちキリモミに入って墜落した。彼はすぐに次の目標を求めたため、最期(さいご)を確認できず、帰投後にこれを不確実撃墜と報告している。

しんがりの平本三空曹は、高度差がありすぎて一撃目を失敗。スロットルをしぼってI－152を追い、ギリギリまで接近してまず黒煙を、ついで炎を吐かせ撃墜した。

撃墜数トップは大木二空曹

この間に、進藤大尉は上昇してI－152を捕らえ、二連射を加えた。風防直前部への命中弾で飛散した破片により、パイロットがやられたものか、敵機は突然急上昇に移り、そのまま失速して大地にぶつかった。単独撃墜は初めてだったが、冷静な大尉は戦果に酔わず、敵戦闘機の来援を防ぐねらいで高度をかせぐ。指揮官にとっては自身の戦果より、部下全体の効率のいい攻撃と安全を確保する行動が大切だからだ。

空戦空域は高度を下げながら西へ移動し、白市駅西方の盆地でライトグレイと濃緑の敵味方が入り乱れていた。

零戦一三機の最初の襲撃で、一〇機ほどの敵が空中から消え失せた。奇襲を受けた敵集団はおおむね左旋回で離脱をはかったため、零戦隊の行動も自然に左旋回が主体を占めた。作戦立案時に予定していた編隊での反復連続攻撃は建前で、実際には敵集団が崩れるにつれて各個攻撃に移行していった。

誰もが奮戦した零戦隊のうち、きわだった戦果をあげたのが大木二空曹である。

第一撃でI－16を落とした二空曹は、交錯した戦闘状況のなかで主力集団の後方を飛ぶI－152をねらい、二〇ミリ弾を発射。主翼をちぎられた敵機はすぐに墜落した。続いてI－152を追ったが、敵が低速すぎるのと小回りを利かして逃げるために捕捉しづらく、何機かを襲うちに二〇ミリ弾が底をついてしまった。発射ボタンを五〜六秒押せば、使い切るのだから無理はない。残る七・七ミリ弾で、I-16よりは速くて御しやすいI-16を撃墜し、ついでつかまえにくいI-152を、斜め後方からの見越し射撃で仕留めた。

この四機目を落としたあと、零戦に追われるI-152の射弾を前部胴体に受けた。破れた燃料移送管から噴出するガソリンが操縦席にあふれ、たちまち気化して彼の肺腑をえぐる。換気口を全開にし、身体のもつかぎり戦って果てようと決めた大木二空曹は、さらにI-152を捕らえて白煙を吐かせたものの、撃墜を確かめるだけの気力は残っていなかった。

大木二空曹につぐ戦果をあげたのは三上二空曹。二機目のI-152を地表にぶつけて確実撃墜を記録したあと、両翼に四発の敵弾を受け、ゾッとした彼は「中攻隊の連中がふるえあがるはずだ」と敵の技倆(ぎりょう)を評価した。気を取りなおしてI-16を、続いてI-152を一機ずつ撃墜。このI-152は機上戦死したパイロットを乗せたまま、大邸宅の庭に突っこんだ。

このほか、右主脚が出たまま敵を追った高塚一空曹の奮戦、置きみやげの地上銃撃を白市駅飛行場に加えた北畑、山下、末田機などの敢闘が見られた。宜昌への帰投（帰港投錨を略した、帰還の意味の海軍用語）は午後三時四十五分の三上機が最初で、四時二十分の北畑機で全一三機が着陸を終えた。片脚を出したままの高塚機は、接地と同時に回されて大破し、零戦の作戦行動における二機目の損失を生じた。

それぞれの報告による撃墜戦果と被弾は次のとおり。

大木二空曹――Ｉ―16二機、Ｉ―152一機不確実（被弾一発）
三上二空曹――Ｉ―16一機、Ｉ―152二機確実、Ｉ―152一機不確実（被弾四発）
山下空曹長――Ｉ―16一機、Ｉ―152二機確実、Ｉ―152二機協同確実、Ｉ―152二機協同地上撃破（被弾なし）
末田二空曹――Ｉ―152三機確実、Ｉ―152二機協同確実、Ｉ―152二機協同地上撃破（被弾なし）
山谷三空曹――Ｉ―152三機確実、Ｉ―152一機協同確実（被弾なし）
岩井二空曹――Ｉ―152二機確実、Ｉ―152二機不確実（被弾なし）
光増一空曹――Ｉ―152二機確実、Ｉ―152一機協同確実（被弾なし）
平本三空曹――Ｉ―152二機確実、Ｉ―152一機協同確実（被弾なし）
藤原二空曹――Ｉ―152二機確実（被弾一発）
高塚一空曹――Ｉ―152一機確実、Ｉ―16一機、Ｉ―152二機不確実（被弾なし）
北畑一空曹――Ｉ―16一機確実、Ｉ―16一機不確実、Ｉ―152一機地上撃破（被弾なし）
進藤大尉――Ｉ―152一機確実（被弾なし）

白根中尉をのぞく全員が撃墜を記録しており、その合計は確実撃墜三〇機、不確実撃墜八機にのぼる（当然ながらＩ―152はほぼ同型のＩ―15として報告されている）。高速ゆえに刹那（せつな）的な空戦の戦果判定は、重複や誤認を避けがたい。進藤大尉は部下の報告を取りまとめると、しぼりこんで確実撃墜二七機とだけ申告した。陸偵によって報告された全機を落としたと見なし得る。

「確実撃墜二七機。零式艦戦一（機）脚破損。残一二機飛行可能」

午後四時四十分に宜昌から送られた機密電に、漢口W基地がわきたったのは容易に想像できよう。

零戦隊の漢口帰着は午後六時。新鋭機の戦闘記録の第一ページは、すばらしい凱旋(がいせん)で終わった。

十二空零戦隊の初交戦にふれた中国側の資料に、三冊からなる「空軍史話」の中巻がある。著者の劉毅夫氏は、零戦と空戦した第四大隊の幹部と行動をともにしており、九月十三日の空襲を地上から、鄭少愚大隊長と目撃した。鄭大隊長と劉氏は過労に倒れ、黄山空軍病院に入院していた。

暦(こよみ)を破った鄭大隊長は、九月十三日が金曜日と知って「ちくしょう、縁起の悪い日だ！」と吐きすてる。「そいつはヤンキーの習慣だよ」。劉氏はやり返したが、大隊長の不吉な予感はズバリ当たった。

近くの黄山に登った二人は、進撃する零戦隊を目撃。そのあとに続いた中攻隊を見て、闘志あふれる大隊長が叫んだ。「俺は午後にも退院するぞ！」

彼の胸中には、自分のいないあいだに部下たちが、日本軍の新鋭機と無理な戦いをしなければいいが、という危惧があった。「そんなことをすれば犬死にだ」と劉氏に言う。だが、結果は裏目に出た。代理の毛指揮官が出撃に同意し、壁山上空で敵機とぶつかった、と副官が翌朝になって報告にやってきたのだ。

初空戦を終えて漢口W基地に帰った進藤三郎大尉。右奥で腰に手を当てるのは第二連合航空隊司令官・大西瀧治郎少将。

「総站買了十六口棺材」（司令部は一六個の棺桶を買った）との副官の報告から、中国側戦闘機乗りの戦死者は一六名と判断できる。これに落下傘降下や被弾不時着による大破（山下空曹長らが視認）を含めれば、進藤大尉の報告した確実撃墜二七機は、まず間違いない戦果だったように思える。

「空軍史話」の記述は達者だが、いささか講談調だ。この九月十三日の記述内容を、空戦参加者に取材した台湾の航空史家・劉文孝氏が、疑問ありと指摘した。彼の言う真説は次のようだ。

戦力の減耗を恐れて対戦闘機戦を避けていた中国戦闘機隊は、弱腰を自省し、積極攻撃策に変更。十三日の午前十時ごろ、成都地区司令官の離陸命令を受けて、第三、第四大隊から鄭少愚指揮の、I－16

九機、I－152二五機を合わせた三四機が出動した。重慶上空で日本機編隊を待ったが現われないため、帰還にかかったところを零戦に急襲された。

I－152はもとより、I－16も一方的に追われ、落とされてしまった。生還パイロットの雷炎均は、ひどすぎる性能差を嘆くのみ。一〇名戦死、八名負傷、一三機喪失、一一機破損の完敗だった。

積極的攻撃策というあたりは、被取材者への気づかいが感じられるけれども、全体に「空軍史話」よりは信憑性（しんぴょうせい）が高い。

勝利の回想

一夜あけた九月十四日、出撃搭乗員を中心に戦訓座談会が開かれた。

零戦とI－16、I－152との性能差、二〇ミリ機銃の威力などは、出るべくして出た共通意見だが、対I－152は速度差がありすぎて零戦がつんのめりがちで、また急に旋回されると捕捉しづらく、まだしも速いI－16の方が戦いやすい、との発言が多いのは興味深い。二〇ミリ機銃に対する全員一致の不満な点は、もちろん携行弾数の少なさ（一梃につき弾倉満載六〇発のところ送弾不良対策のため五五発）である。なぜか一発も二〇ミリを撃たなかった山下機と、片銃故障の末田機をのぞき、一一機が全弾を早期に消耗した。

山下空曹長が二〇ミリ弾を一発も放たなかったのは、調査表にあるとおり「原因不明」だ。

推測しうる理由はいくつかあっても、彼が七・七ミリ弾だけで単独三機、協同二機の確実撃墜をはたしたのは確実だ。

懸念された九九式二〇ミリ一号機銃の故障は少なく、逆に信頼性充分なはずの九七式七・七ミリ機銃に不具合が多発した。白根中尉だけが撃墜戦果を得られなかったのは、はやばやと二〇ミリ弾を使いはたし、同時に七・七ミリ機銃が故障したためである。

二七対〇の完勝の二大要因は、零戦の高性能と搭乗員の技倆だろう。「注意すれば一機対数機の空戦も容易」という山下空曹長の意見が、彼我の性能差をよく表わしている。

腕の差については、

「敵の技倆はさほどでない」（進藤さん）

「馬鹿にできない面もあったが敵の技は中程度では」（藤原さん）

「飛行機の性能が低いだけで、腕前はまずまず」（岩井さん）

「なかなか手ごわい」（三上さん）

と回想がやや異なるが、公平に見て日本側が上まわっていたことは確実と思われる。

勝因に付加すべきは、敵の裏をかいて奇襲に成功した好判断だ。あらゆる意味で「十三日の金曜日」のジンクスは、中国空軍側に災いしたのである。

ラバウル上空の完全勝利
——大空戦に一機も失わず

いまだに人気の高い海軍航空の代名詞を二つあげるなら、まず「零式艦上戦闘機」、それから「ラバウル」ではないだろうか。

紺碧の空と積乱雲、椰子(やし)の林にエメラルドグリーンの海——典型的な南太平洋の風物をバックに、日本の技術力の精華たる零戦が、グラマンF4FやロッキードP-38を次から次へと撃墜し、多くのエースが生まれたソロモンの航空戦。無敵の零戦がズラリとならぶラバウル基地こそ、七十余年前の太平洋戦争を回想する彩(いろど)りに、不可欠の要素に違いない。

こうした優勢、活況が幻想にすぎなかったことは、筆者も機会あるごとに記述し立証してきた。日本人の努力に冷水を浴びせて、高い所から知ったような顔をしたいためでは無論ない。つねに事実を知ろうとする姿勢が、ふたたび悲劇への道を歩ませないための、最良の対策だと信じるからだ。

しかし、無敵神話は葬り去っても、ラバウルに代表されるソロモン戦線の零戦隊が、海軍航空の誇りを担って、矢玉のつきるまで戦い続けたのは、誰も否定できない事実である。貧弱な日本の開発力、生産力、補給力を考えるなら、その敢闘ぶりは驚異的とすら言っていいだろう。

その末期に記録された輝かしい一日を検証して、彼らの努力に報いたい。

昭和十七年の鍔ぜりあい

「ラバウル航空隊」が特定の部隊を指した詞ではなく、この著名な基地を中心に、周辺の島の基地を含むエリアに展開した、数多くの海軍航空部隊を意味することは、少しでも戦史や航空史をかじった者には常識になっている。そして「ラバウル基地」が一つではなく、ラクナイ（ラバウル東飛行場）、ブナカナウ（西飛行場）を中心に、ココポ（南飛行場）、ケラバット（北飛行場）、それにトベラ飛行場を加えた、五ヵ所の総称であることも。

本編の主役・零戦隊は、昭和十七年（一九四二年）二月から、まる二年間にわたり、基地航空隊と艦隊航空隊を合わせて十数個部隊が、あいついでラバウルに展開。五ヵ所の飛行場のいずれをも使ったが、主用したのはラバウル東で、やがてトベラが加わった。

それではまず、ラバウルの零戦の戦闘経過をごく大ざっぱに追ってみよう。

開戦から一ヵ月半たった十七年一月下旬、海軍陸戦隊がラバウルに上陸、占領し、月末に

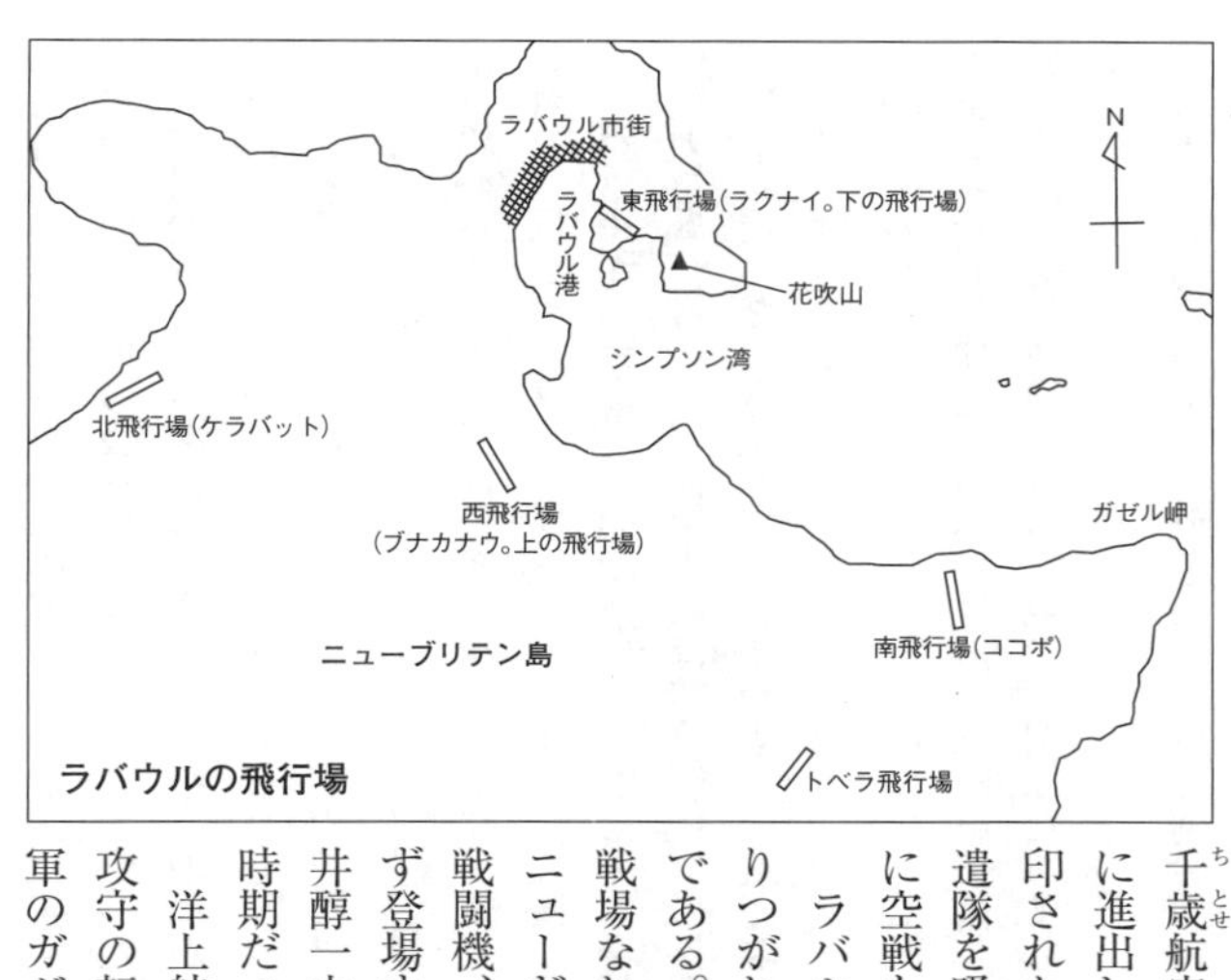

ラバウルの飛行場

千歳(ちとせ)航空隊派遣隊の九六式艦上戦闘機が東飛行場に進出して、ここにラバウル戦闘機隊の第一歩が印された。翌二月、新編の第四航空隊が千歳空派遣隊を吸収、零戦も運ばれてきて、この月のうちに空戦も始まった。

ラバウル航空隊の名声を一気に高め、いまも語りつがれているのが、四月に進出した台南航空隊である。セレベス、ボルネオ、ジャワと転戦し、戦場なれした台南空は、北部ソロモン進攻、東部ニューギニアのラエ進出などで、米第5航空軍の戦闘機、爆撃機とわたりあった。零戦物語には必ず登場する坂井三郎一飛曹、西沢広義一飛曹、笹井醇一中尉などの活躍がめだち始めたのも、この時期だった。

洋上航空戦が十七年六月のミッドウェー海戦で攻守の転換期を迎えると、ソロモン航空戦にも米軍のガダルカナル島上陸で一大転機が訪れる。

七月初め、南部ソロモンのガダルカナルに苦もなく上陸した日本軍は、中旬からほとんど人力だけで飛行場の設営に着手。完成しかかった八月上旬、思いもよらない米地上軍のガ島奪取が開始され、名を知る者すらまれなこの島が、空陸海の激戦場に変わった。

ガ島は半月とたたずに、米海兵隊のグラマンF4F戦闘機、陸軍航空軍（十二月に第13航空軍を編成）のベルP－400戦闘機（P－39と同型）が進出。台南空零戦隊はすでにポートモレスビー（東部ニューギニアのオーストラリア側）空襲で経験していたように、ラバウル西飛行場から出撃の一式陸上攻撃機の掩護につき、八月下旬にガダルカナル空襲の幕を開ける。これを、同島ヘンダーソン飛行場の米戦闘機隊が待ち受けた。

ラバウルからガ島までの距離は一〇〇〇キロを超える。単発戦闘機としては異例なほどの航続力をもつ零戦も、往復すれば空襲空域での持ち時間は十数分しかない。それも、片道三時間半も飛んだ疲労状態で、燃えやすい一式陸攻を守りつつ戦うのだから、二重、三重のハンディを背負った苦闘になる。

海兵隊のパイロットたちはF4Fの機体と武装の特性を生かし、零戦との格闘戦を避けて、上空から斉射を加え下方へ抜ける一撃離脱に徹した。一二・七ミリ機関銃六梃からの射弾を食らえば、防弾装備ゼロの零戦二一型はたちまち火を噴き、一式陸攻一一型ならさらにもろかった。

日本の実力をろくに評価しないでいた連合軍に、奇襲的な攻勢をかけ、数でも質でも上まわる零戦隊は、開戦から八ヵ月にわたって航空優勢を保つ原動力になってきたが、ここで初めて本格的な反抗に出くわした。悪条件と敵のたくみな戦法を制しきれず、台南空のエースたちは櫛の歯が欠けるように散っていった。

この間に空母「翔鶴」の零戦隊がソロモン諸島北西端のブカ島（ソロモンのうちラバウルにいちばん近い島）に進出して、合計一〇回にも及ぶ空母飛行機隊の陸揚げのハシリになった。基地航空隊では、八月のうちに二空（十一月に五八二空に改称）、六空（同じく二〇四空に改称）があいついでラバウルに到着し、さらに南西方面のセレベス島、チモ

上：前上方で一式陸上攻撃機を守る零戦。陸攻の機首風防ごしに見る。下：1942年（昭和17年）10月、ガダルカナル島の北側のヘンダーソン飛行場を離陸するＦ４Ｆ－４。

ール島で戦っていた三空からも、九月から二ヵ月間ラバウルに派遣隊がやってきた。インド洋からは鹿屋空戦闘機隊が同月、ラバウルの北西、ニューアイルランド島カビエンに。

二五一空へと改称された台南空は、十一月に戦力回復のため内地へ引き揚げた。ラバウル航空隊のうち最も有名な部隊だが、実は彼らの戦ったのは比較的ゆとりを持てた序盤戦にすぎない。太平洋戦争で最大の航空消耗戦、搭乗員の墓場とまで呼ばれたソロモンの苛烈な戦いは、これから始まるのだった。

エンジン換装、主翼端切断により速度向上をはかった、新しい零戦三二型は航続力が減少し、ガダルカナル攻撃には使えない。本来なら新機材装備で期待されるはずの二空（全機三二型）は、主翼の再延長と翼内燃料タンクの増設で航続力をふたたび増した二二型がそろうまで、ニューギニア方面の作戦専従とされた。

それもこれもラバウル～ガ島には、不満足なブカ島を除いて、飛行場がまったくないのが原因だった。あわてて、ブカに隣接するブーゲンビル島の南東端のブインで、飛行場造成に取りかかり、十月なかばに完成してひと息ついた。これで二二型はガ島上空で一・五時間の滞空ができ、脚（あし）が短い三二型も陸攻に随伴可能になった。

十七年十月下旬のガダルカナル総攻撃を前に、空母「飛鷹（ひよう）」は傷ついて、その搭載機をラバウルに上げ、基地航空隊に加わって二ヵ月近くソロモンの攻防戦を戦った。十一月に入ると内地から二五二空が、二五一空（台南空）のかわりに参入してきた。このころがガ島守備の米軍にとっても、いちばんつらい時期だったが、日本軍は航空部隊、地上部隊ともに寄り倒すだけのもうひと押しが出せなかった。

十一〜十二月の零戦隊は、ガ島と敵艦船を攻撃の陸攻掩護、同島の上空制圧、味方輸送艦船の護衛に全力をふりしぼった。

十二月初めにブイン南東の小島バラレが、下旬には中部ソロモンのニュージョージア島のムンダ基地が、ともに使用可能にこぎつけた。

とりわけムンダはガダルカナルの敵飛行場まで三〇〇キロあまりにすぎず、零戦にとっては近距離と言っていいほど余裕が出る。また敵側にしてもムンダなら、航続力の大きなロッキードＰ－38はもとより、Ｆ４ＦやＰ－39など単発戦闘機でも行動半径に入り、攻撃をしかけてくる。ひんぱんな空襲下での造成作業は困難をきわめた。

二五二空の零戦がムンダに進出すると、戦力を増しつつあった米海兵隊と第13航空軍の戦闘機があいついで来襲し、たちまち機材を消耗。一週間ともたずラバウルに引き揚げねばならなかった。

ソロモンと東部ニューギニアが中心の南東方面の担当は海軍だったが、これ以上は負担しきれず、十二月から陸軍戦闘機部隊にラバウルに進出してもらった。以後十八年七月までラバウル西と南の両飛行場から陸軍機が作戦したが、機数も行動もマイナーに終始し、地区分担により東部ニューギニアへと移っていく。

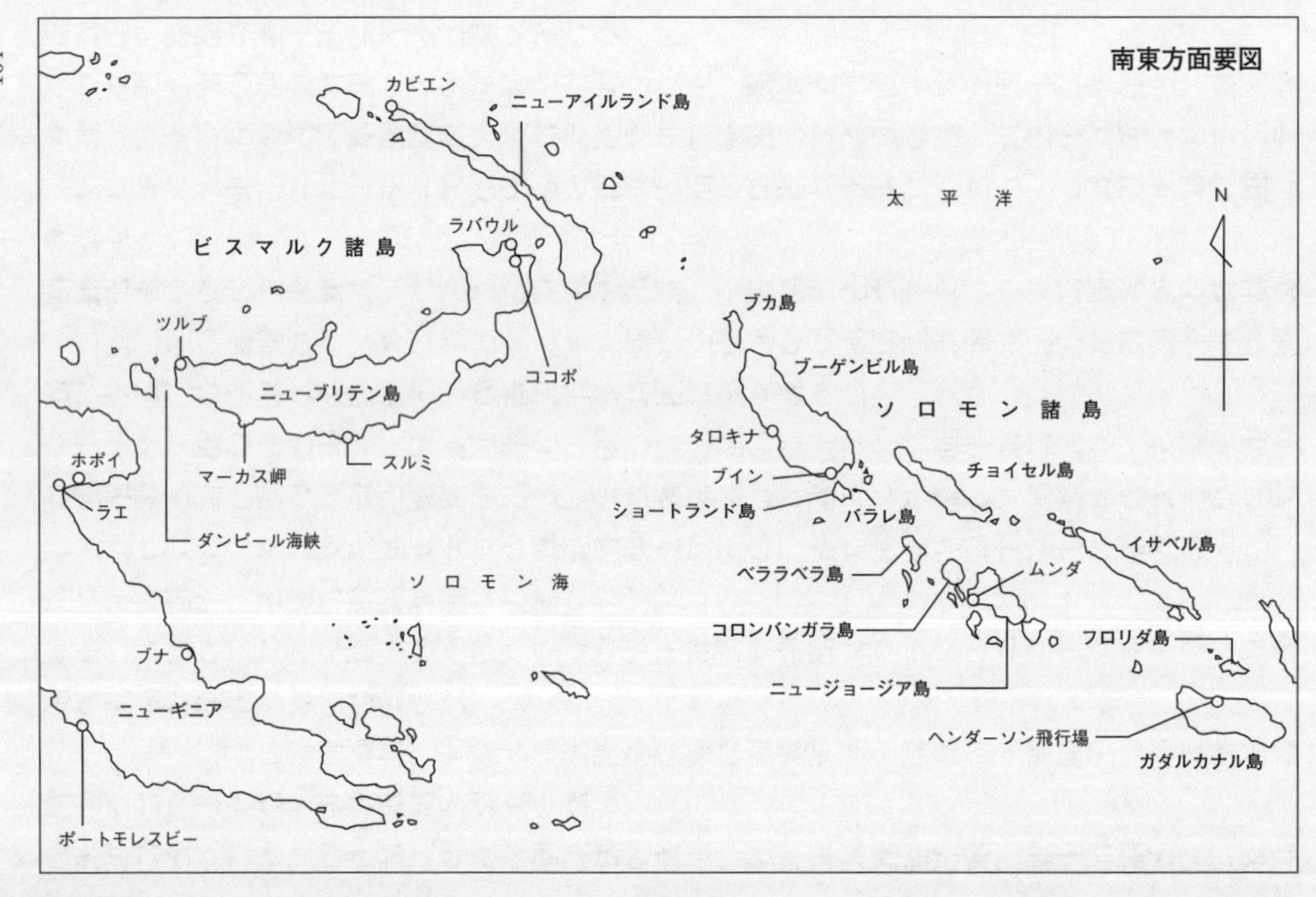
南東方面要図
N
カビエン
ニューアイルランド島
太　平　洋
ラバウル
ビスマルク諸島
ブカ島
ツルブ
ココボ
ブーゲンビル島
ニューブリテン島
ソ　ロ　モ　ン　諸　島
タロキナ
ホポイ
スルミ
マーカス岬
ブイン
チョイセル島
ラエ
ショートランド島
バラレ島
ダンピール海峡
イサベル島
ソ　ロ　モ　ン　海
ベララベラ島
ムンダ
コロンバンガラ島
フロリダ島
ブナ
ニュージョージア島
ニューギニア
ヘンダーソン飛行場
ガダルカナル島
ポートモレスビー

苦戦続く昭和十八年

年末に撤退がやっと決まったガダルカナルへの攻撃は、十八年に入ってもあい変わらず続いた。零戦の掩護が付いていても消耗が増えるばかりの一式陸攻は、よほど多数機のカバーを受けられるとき以外は、単独での夜間空襲に専念。米軍の攻勢が強まった東部ニューギニアへも、零戦は飛ばねばならなかった。

B－24重爆(D後期型またはH型)に前上方攻撃を加えてななめ後下方へ離脱する零戦。敵弾を受けやすい瞬間だ。

十八年一月下旬にガダルカナル島上空への成果が少ない大規模進攻を強行したあと、二月上旬のうちにガ島地上部隊の全面撤退がすんで、固執に固執をかさね、損害のみ目立った南部ソロモンは放棄された。問題は、中部ソロモンで米軍の進撃を抑えられるかどうかだが、あらたに高速のボートF4U戦闘機、強靭なコンソリデイテッドB－24重爆をくり出す相手を、四個航空隊で一〇〇機たらずの保有機（定数の半分以下）、可動六〇～七〇機の零戦では防げるはずはなかった。

敵の攻撃が顕著化する中部ソロモンと東部ニューギ

ニアの戦局を、ラバウルの基地航空隊に空母の航空兵力を加えて強化し、好転させようというのが「い」号作戦だった。

「瑞鶴」以下四隻の空母に搭載の零戦と、二五二空は抜けたけれども、補充を受けた基地航空隊の零戦は、ラバウル、ブイン、バラレから出撃し、陸攻、艦攻、艦爆を守りつつ、制空権の奪回をめざした。

だが、一八〇機からの空母戦力を注ぎこんだところで、敵との隔たりがいくらか埋まった程度にすぎない。また短期間では大打撃を与えようもなく、四月上旬からの「い」号作戦は、連合艦隊司令長官・山本五十六大将と再建が困難な空母飛行機隊を失って、中旬に終わった。

この十八年四月、ラバウル、ソロモン方面の零戦と陸攻の戦力（第十一航空艦隊）を専門に補充する錬成用航空隊が二個隊、内地にできた。前例のない特異なこの措置が、消耗の激しさをうかがわせる。

前年の晩秋に内地へ帰った二五一空（旧・台南空）の再進出が五月、新顔の二〇一空の到着が七月と、なけなしの零戦部隊を投入しても、彼我の戦力差は開くばかりで、八月には中部ソロモンの放棄を決定。主戦場はしだいに北上し、九月末からは北部ソロモンのブーゲンビル島ブイン基地を、連日の大規模空襲が見舞った。ここを主力基地とし、解隊された五八二空零戦隊の搭乗員を加えて邀撃に全力をあげた二〇四空も、東部ニューギニア方面での作戦のため、十月上旬に、ラバウルに後退した。

九月初めに夜間戦闘機部隊に変わった二五一空から、はずされた零戦隊の搭乗員を、二〇一空とともに吸収したのが、前身の鹿屋空以来五月までラバウルに縁があった二五三空。サイパン島から九月初めにトベラ基地に展開し、さっそくブイン邀撃戦や末期的症状の東部ニューギニア（目標はラエ、ホポイ、フィンシュハーフェンなど）へ飛んだ。

十月中旬になるとブインはもとより、本拠地のラバウルも激しい空襲をこうむり始めた。敵のブーゲンビル島上陸にともない、十一月初めから、北部ソロモンの戦局挽回をめざす「ろ」号作戦を開始。ふたたび主力空母群三隻の艦上機をラバウルに上げて、またしても大した成果を得られないまま、育てにくい洋上航空戦力を消耗した。これ以外に即座に使える予備戦力のない悲しさである。

逆に米軍は空母五隻から、新鋭艦戦グラマンF6Fを軸に約一〇〇機の戦爆連合を送り出し、陸軍航空軍のB-24とともにラバウルを叩いた。

「ろ」号作戦もからんで、敵空母の捕捉、撃滅に努めた六次におよぶブーゲンビル島沖海戦が十二月初めに終わると、一年四ヵ月にわたって戦場だったソロモン諸島は、ほぼ全域が米軍の手に落ちた。残るはラバウルがあるニューブリテン島と、カビエンがあるニューアイルランド島（両島と周辺の小島を合わせてビスマルク諸島を構成）のみ。

その本拠地のニューブリテン島の西部南岸、マーカス岬に米軍が上陸したのは十二月十五日の未明。二〇四空と二〇一空の零戦は早朝、九九式艦上爆撃機隊を掩護して上陸部隊と輸

花吹山をのぞんだラバウル東飛行場で零戦（中央は二二型）の整備が続く。

送艦船を攻撃し、翌日も零戦隊が敵舟艇を襲ってP－38と交戦した。

十七日、ブーゲンビル島タロキナに進出の米第13航空軍機がラバウルを初空襲。十八日に空母「瑞鶴」の零戦一八機がトラック島から応援に飛来した程度では、焼け石に水の感があった。

米軍はさらにニューブリテン島西端のツルブにも上陸。ニューギニアと結ぶ要衝ダンピール海峡を抑えられ、ラバウルは東、南、西の三方から取り囲まれた。零戦隊は艦爆隊とともにただちに反撃に出たけれども、十二月二十七日の九四機（うち零戦七九機）による大規模攻撃時には、天候不良で目標空域へ到達できず、マーカス岬へ転じて敵戦闘機と交戦し、不本意な結果に終わった。

以上の二年に近いラバウルとソロモン諸島の戦いを、大胆に要約すれば、十七年八月までが「進撃」、十七年八月から十八年二月のガ島撤退までが「混戦」、それ以後は「後退」になる。ソロモンを南下し、またもどったわけで、零戦隊は切り傷の出血（損失）を輸血（補充）でもたせて、つねに先頭に立って戦った。傷の内部で進む腐敗の膿（うみ）がかろうじて表面に出ない、といったあたりが昭和十八年末のラバウルの状態だった。

日本の実力からすれば、攻勢終末点を越えたとも言えるこの地域で、むしろよく戦い続けたと見るべきだろう。

終局の昭和十九年

いま少し、概況説明にお付き合いいただきたい。

昭和十八年十二月はブーゲンビル島への進撃がせいぜいで、ラバウルに押し寄せる米軍機の邀撃が零戦隊の主任務と言えた。この月の十一航艦が擁する零戦部隊は二〇四空、二五三空、二〇一空の三個隊で、ほかに中旬に第一航空戦隊の「瑞鶴」戦闘機隊が参入し、下旬には二航戦の「隼鷹（じゅんよう）」「飛鷹」「龍鳳」の戦闘機隊が数日間、陸に上がった。飛行場は、東（ラクナイ）に二〇四空と二〇一空、トベラに二五三空と「瑞鶴」、ニューアイルランド島のカビエンに二航戦の各隊、というぐあいに分かれていた。

南東方面の航空戦の激化につれて、零戦や九九艦爆が数を増してひしめき、各部隊の司令部が周囲に設けられた東飛行場は、うち続く空襲に疲弊しながらも、なおメインベースの機能を保っていた。十一航艦の司令部、二五三空の上部組織の二十五航戦、二〇一空と二〇四空を指揮する二十六航戦の両司令部も、東飛行場付近に置かれたままだった。

攻守ところを変え、来襲する米軍機（一部はオーストラリア空軍機）を迎え撃つ側にまわったラバウル零戦隊にとって、空戦だけを考えれば、進撃よりも邀撃のほうが楽だったはずだ。まず、戦う前に尻の感覚がなくなるほど長時間飛ぶ必要がない。ニューブリテンとニューアイルランド両島の一〇基ほどの警戒レーダーが、二〇〇キロ以上前方の敵編隊を捕捉するから、超低空など特殊な来襲時のほかは、上空で態勢を整えて待ち受けられる。

帰還時の燃料を気にかける必要が、進撃に比べればずっと少ない。ガス欠や故障でプロペラが止まっても、いざとなれば落下傘降下で生還が可能だ。日本軍の最悪の慣習、捕虜イコール自決の恐れがない。なれた空域だから状況判断が容易。全力出動なら敵より零戦の機数が多いし、敵戦闘機も戦爆連合だと自在に動きがたい。

爆撃される地上の隊員はたまらないが、こうした利点を背負った邀撃戦では、比較的に練度の低い搭乗員も撃墜戦果を報じた。その実際はどうだったか。

たとえば十二月十七日、海兵隊のF４U三一機、海軍のF６F二二機、それにニュージーランド空軍のカーチスP－40二三機、合計七六機がラバウルに空襲をかけてきて、零戦はほぼ同数の七二機が邀撃。零戦の戦果は撃墜二二機（うち不確実西機）、未帰還二機の損害を記録した。

これを敵側から見ると、数字がガラリと異なる。主に空戦したのは低空を飛んだP－40で、零戦五機を撃墜、Ｆ４ＵとＦ６Ｆが各一機を落とし、損失はＰ－40三機だけだった。たがいの実際に落とされた機数は零戦二機とＰ－40三機である。いかに乱戦だったとしても、零戦の戦果報告は水増しが過ぎる。原因は、降下離脱の敵機を墜落と勘違いしたのと、撃墜と思いこむ希望的観測にあった。それだけ老練で沈着な搭乗員が減っていたとも言えるだろう。

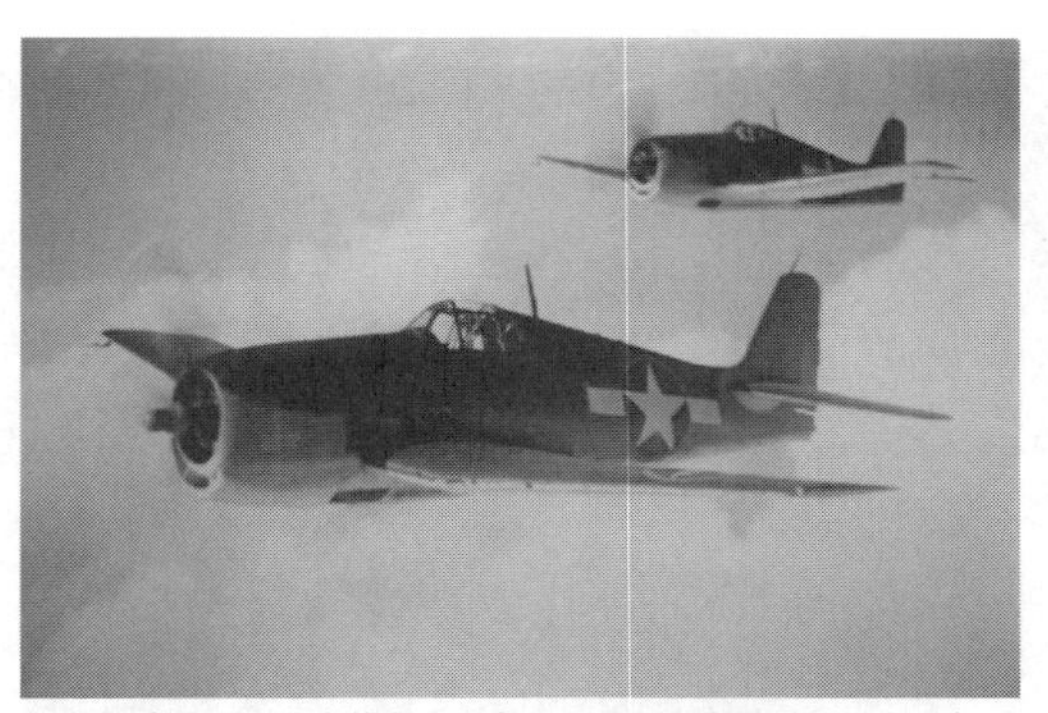

好敵手Ｆ４Ｆよりも格段に強力なＦ６Ｆ－３艦戦が、昭和18年末のラバウル上空に姿を見せ、零戦の邀撃は困難を増した。

二十三日の空襲では、敵はＦ４Ｕ、Ｐ－38など四八機。零戦は二倍をこえる九九機が待ち受けて、五機を失い、八機の確実撃墜を報じた。米軍は三三機撃墜、三機損失を記録したから、この空戦では米軍が大ボラを吹いたわけだ。

もう一例、クリスマスイブの空戦を示す。この日は、Ｂ－24二四機およびＰ－38一七機の戦爆連合と、Ｐ－38、Ｆ６Ｆ、Ｐ－40計四八機の制空隊とに分かれてやってきた。合わせて八九機の敵に対し、零戦は九七機が上がり、実に五五機もの確実撃墜を報告した。零戦の未帰還は六機である。ところが相手側は、まず戦爆連合のＰ－38が四機撃墜で二機損失、

爆撃しやすいように、B－25本隊が南東方向からラバウル上空に侵入してきた。港湾に面した市街に爆煙がわき上がる。

制空隊のほうは二六機を落としたと申告し、損失は六機（全部ニュージーランド空軍のP－40）だった。

失われた零戦六機に対し、敵は五倍の三〇機撃墜を報じ、失われた連合軍機八機に対し零戦隊は七倍もの撃墜五五機を記録したのだ。部下の申告した戦果を、削りがたい隊長の気持ちは察しうる。下手に減らせば戦意を失いかねないし、過大だと判断する確たる証拠はないからだ。搭乗員の伝える撃墜機数の合計から、いくらかは割り引いているはずだが、それでも実数よりは多いと司令部では判断していた。

ここで注意しなければならないのは、ラバウル基地群から邀撃に舞い上がる零戦の機数である。毎回七十数機から一〇〇機に近い数が出撃している。邀撃戦だけでも九月に一六機、十月に四四機、十二月に三四機を消耗しながら、これだけの可動機を用意できるのは、後方基地トラック島からの懸命の補充に加えて、背に腹は代えられず空母の搭載機を投入するからだ。

明けて昭和十九年、松が取れるのも待たず、一月四日に二〇一空は機材を置いて、戦力回復のためラバウルを去った。残るは二〇四空と二五三空、それに少数の「瑞鶴」の零戦。さいわい二つの基地航空隊は長らく南東方面の激戦を戦い抜いてきた〝主〟のような部隊で、米軍機を相手の戦闘に自信を持っていた。とりわけ二〇四空のラバウル、ソロモンでの行動は、このとき、前身の六空以来一年四ヵ月以上におよび、ラバウル進出の全部隊中で最長を記録した。

元旦から一月中旬にかけて、天候さえまともなら空襲は欠かさずあり、十四日までに大規模なものが九回。そのつど五十数機から八十数機の零戦が発進した。戦果は撃墜五〇～六〇機台が二回、三〇機台が一回、ひとケタから十数機が六回と、十二月に比べてムラが多かった。十四日のF4U、F6F、TBF「アベンジャー」、P-38、B-26「マローダー」との交戦では、これまでの邀撃戦で最高の撃墜六五機（うち不確実一九機）が報告された。零戦隊の損失は各回一～三機（平均二機）で、十二月の一～六機（平均四機）に比べて半減していた。

そして、その日は三日後にやってきた。

栄光のその日

年が明けてから、カラリと晴れた日がなかった。気温は三〇度弱、風はあってもゆるく、たまに雨が降るぐらいがせめてもの気候の変化だった。

一月十七日も特に変わりはなかった。早朝は風がなく、あい変わらずの曇り空で、視界は一〇キロと測定された。

午前四時から一時間半の黎明の上空哨戒は、なにごともなく終わった。その三〇分後に総員起こしがかかると、搭乗員たちは兵舎からトラックで飛行場にやってくる。

敵の来攻を事前に知らせる警報は、午前十時以降に入る。それまでは来襲の可能性は少ないから、東飛行場の二〇四空も、トベラ飛行場の二五三空も、朝はおちついた時間帯だった。とはいえ、大規模空襲がある確率は十二月下旬以降五〇～六〇パーセントだから、搭乗割（出撃メンバー表）に入るレベルの隊員は、空戦を覚悟していなければならない。

東飛行場では前日、ニュース映画を撮りにきた日本映画社のスタッフを、司令の柴田武雄中佐が搭乗員たちに紹介した。出撃から空戦、帰投のようすをカメラに収めて、内地の映画館で国民に見せ、戦意高揚に役立てるのだ。

日映側は零戦の活躍、落ちる敵機など、できるだけ多くのハイライトを盛りこみたい。そこで司令部と相談し、右翼に八九式活動写真銃を付け、敵を撃墜するところを映してもらえないか、との希望が出された。

写真銃は主翼上面に装着するから機銃をはずす必要はないが、他の列強諸国に類を見ない、全長八〇センチ、一一キロもの重さの古色蒼然たるガンカメラだ。こんな不細工なものが出っ張れば空気抵抗は増えるし、飛行中の微妙なバランスに影響が出る。なによりも、いいシーンを撮らねば、との考えが頭の隅にあるのが恐い。圧倒的に有利な状況ならともかく、全力を出し切って機動をくり返す、まったく気を抜けない必死の戦いなのだ。おもしろがって引き受ける者がいるはずがない。

柴田司令と飛行長・倉兼義男少佐から依頼されたのは、日華事変でエースの座を占めて以来、インド洋作戦、珊瑚(さんご)海海戦で戦果をかさね、二ヵ月前にラバウルに来てから急速に撃墜機数を追加した岩本徹三飛曹長。技倆抜群の飛曹長もさすがにこれは承諾できず、固く辞退した。

結局、空戦場面は地上から撮影するだけに決まった。空中と地上の諸作業、戦闘状況を映画に撮られると知った搭乗員や整備員、基地員たちが、いいところを見せたいと思うのは当然である。これが翌日、すなわち一月十七日の空戦結果に、なんらの影響も及ぼさなかったとは言いがたい。

この十七日の朝、ブーゲンビル島からF4U、ニュージョージア島からF6FとP-38、スターリング島からP-38、といったぐあいに米軍戦闘機が中部および北部ソロモンの飛行場をあいついで離陸。編隊を組みつつラバウルをめざす。

主目的の艦船攻撃を担当するのは、SBD「ドーントレス」艦爆二九機（第341海兵降下爆撃飛行隊一六機、海軍一三機）とTBF「アベンジャー」攻撃機一八機（第232海兵雷爆撃飛行

1944年1月、ブーゲンビル島タロキナ飛行場を離陸した海兵隊のF4U－1「コルセア」。零戦隊の難敵度は意外に低かった。

隊)。これを、F4U「コルセア」(第211、第212、第321海兵戦闘飛行隊)を主力に、海軍のF6F「ヘルキャット」(第40戦闘飛行隊)、陸軍第13航空軍のP－38「ライトニング」(第44、第339戦闘飛行隊)の三種七〇機の戦闘機が掩護していた。

午前十時すぎ、ラバウル各基地に敵襲の警報がもたらされた。

前日も前々日も同じころに警報があって、どちらも二〇四空と二五三空から合計八十数機が邀撃に上がり、しばらく警戒飛行を続けたのちに「敵ヲ見ズ」でもどってきた。

今日も徒労に終わるかも知れない。しかし、徒労をきらって二～三個小隊でお茶をにごし、本物の大編隊が侵入してきたら大変なことになる。

警報がかかった以上、発進するのは必然だった。兵器員たちは機銃と弾丸のチェックを終え、整備員たちは零戦がいつでも出られるよう、動力関係の手入れと暖気運転を終えている。

搭乗員は乗機に駆けよって、座席にとびこむとエンジンを「コンタクト」、起動機による慣性始動から、点火栓の発火に続くエンジンの本格発動に切り換える。まもなく一番機が動き始め、すぐ速度を増して離陸する。以下つぎつぎに発進するうちに砂ボコリがひどくなり、前の機の尾部がいきなり眼前に現われて、肝を冷やす者も少なくなかった。だが、三分ほどで全機離陸の密な間合（まあい）なのに、だれも事故を起こさない。零戦は新しい五二型のほか、使いなれた二二型、もう旧式化した二一型がまざっている。

昭和19年１月17日、警報により二〇四空の零戦は整備員の手でつぎつぎに発動していく。たちまち爆音が満ちる。

　東飛行場から出撃の二〇四空は四三機。これが第一～第三大隊に三分され、第一大隊は空中指揮官の山口定夫大尉と前田英夫飛曹長の二個中隊、第二大隊も伊藤鈴男少尉と岩本徹三飛曹長の二個中隊、そして第三大隊だけが熊谷鉄太郎飛曹長の一個中隊という編成だった。各中隊は四機ずつの二個小隊・計八機。第一、第二大隊は各一六機の構成だが、第三大隊だけは三個小隊で一個中隊とし、第三小隊が三機なので計一一機である。

　トベラからは二五三空の三六機が出動した。こちらも三個大隊で、第一大隊は空中指揮官・中川健二大尉が率いる一個中隊八機、第二大隊は高沢謙吉中尉と片山毅一飛曹の二個中隊、第三大隊も石田正志一飛曹と田中勇一飛曹の二個中隊。ところが第二と第三大隊はともに、第一中隊が四機ずつの二個小隊八機だが、第二中隊は三機ずつの二個小隊六機の編成だった。つまり第一大隊八機、第二と第三大隊は一四機ずつの変則的な区分である。人員、機材の数、長機の出身と階級をにらんでの振り分けなのだろう。

二〇四空、二五三空のどちらも、「大隊」「中隊」は制式な軍隊区分ではない。空中での編成を理解しやすくするための、便宜上の区分けとして用いていた。

搭乗割を調べてみると

一月十七日の搭乗割をながめて感じるのは、まず兵学校出の士官の少なさだ。二〇四空は分隊長の山口大尉ただ一人、二五三空も空母「瑞鳳」から転勤の分隊長・中川大尉と、高沢中尉の二人にすぎない。

両部隊合計七九機の零戦が出て、海兵出がたった三人なのは、南東方面の底知れぬ消耗戦をうかがわせる。それと同時に、戦闘機要員を一気に増やした海兵七十期出身者（第三十八、三十九期飛行学生）が、外地の第一線に出てくる直前の、士官操縦員の消耗と補充の差が最も大きな時期だった点も、影響が大きい。

山口、中川両大尉は六十七期出身で、二年の実施部隊歴は、この時期の分隊長としては適度なキャリアだろう。先任分隊士の役は六十九期の高沢中尉にとって、やや荷が重いか。士官（少尉以上）はもう一人、十期飛行予備学生出身の伊藤鈴男少尉がいる。三日後に中尉になる伊藤少尉は、飛行経験が高沢中尉とほぼ等しい。

二〇四空には中隊長、小隊長に五人もの飛曹長を配している。下士官兵からの搭乗員で、技倆、気力、体力ともに脂（あぶら）ののったピークが、この准士官時代である。さらに上の特務士官になれば、判断力はますます冴（さ）えるけれども、とりわけ激しい機動を要する戦闘機の操縦に必須の体力、瞬発力が衰え始め、行動が慎重におちいりがちな場合も出てくる。

操練二十三期、一〇年間飛んできたキャリア最長の熊谷鉄太郎飛曹長。続いて操練三十四期の岩本飛曹長、乙飛七期予科練の杉山輝夫飛曹長、甲飛予科練一期の前田英夫飛曹長など、五名の准士官はこの時期、この方面では恵まれすぎとも言えるだろう。

大陸、洋上、島嶼のいずれでも豊富な空戦経験をもつ岩本徹三飛曹長(少尉当時)。

二〇四空は下士官のバランスもよく取れている。荻谷（おぎや）信男、小町定（さだむ）両上飛曹は操練出身で実戦経験も多く、小隊長を務めるのに適格だ。指揮官編隊の二、三番機に、丙飛予科練四期の腕の確かな仲道渉（わたる）、岡正徳両一飛曹をあてて山口大尉を守らせ、第二大隊

トベラ飛行場での二五三空搭乗員たち。左から鹿田二男飛曹長、浜中治雄一飛曹、杉野計雄一飛曹、不詳、小八重幸太郎一飛曹、西脇弘之一飛曹。19年正月に撮った記念写真と思われる。西脇一飛曹は１月14日に戦死した。

長・伊藤少尉の列機には、学歴が近くてなじみやすい甲飛予科練出の、土居万寿雄、小林勝治両一飛曹を配置するなどの、気配りが感じられる。

　これに対して二五三空の搭乗割には、飛曹長と上飛曹が一人もいない。士官が二人だけよりも、このほうがバランス上よほど問題である。したがって、中川大尉と高沢中尉の小隊以外は、小隊長をみな一飛曹が受け持っており、第三大隊二中隊一小隊長は二飛曹である。

　もちろん、搭乗員の飛行経験は階級には比例しない。予科練出の下士官で言えば、同一階級の場合、おおむね丙飛、乙飛、甲飛の順に経験が深い。これは、入隊から飛行練習生教程に達するまでの進級待遇の差による。丙飛三期の杉野計雄（かずお）、田中勇一飛曹のキャリアは甲飛、乙飛の上飛曹クラスに充分に匹敵し、分隊長・中川大尉のそれに等しい。操練五十五期の石田正志一飛曹はその上をいく。

指揮能力や空戦技術には個人差があるから、ここでは言及しないが、階級よりも空戦実績（撃墜戦果だけではない）がものを言うのは当然だ。飛行時間が多くても教官・教員配置で稼いだのでは評価は低いし、飛練卒業後まもなくの新人でも、短期間にみるみる技倆を上げるケースもある。

合計七九名中で三〇名にも及ぶ下級下士官と兵搭乗員の主体は、二〇四空も二五三空も、乙飛十五期出身の二飛曹と丙飛十二期の飛長または上飛（丙飛は海軍在籍者から募るため同期生でも階級が異なる）。どちらも飛練教程を終えて数ヵ月、ラバウル邀撃戦参加は荷重だけれども、人手不足だから背に腹は代えられない。半年前、ガダルカナルへ進撃していたころは二飛曹以上ばかりで、兵はほとんど搭乗割に入らなかったのに。

しかし、飛練卒業後一年以上をへた丙飛七期の二五三空の大川潔飛長、いちおうの実戦経験を得た小高登貫（二〇四空）、森末記、岡田豊吉（ともに二五三空）各飛長ら五～六名の丙飛十期がまじり、いちがいに兵搭乗員は新人集団とはくくれなかった。

空戦の断片

発進時刻は二〇四空が午前十時十五分、二五三空が十時十分だが、こんな数字はあくまで目安で、おおむね同時の離陸完了とみればいい。

べったり張りつめた雲を抜け、零戦は上昇していく。両部隊とも高度二〇〇〇メートルで

1月17日、東飛行場から離陸にかかる二〇四空の零戦五二型。以前はラバウルを去った二〇一空の装備機だった。

空中集合。待機高度は五〇〇〇メートル以上にとる。離陸から三〇分ほどたった十時四十分すぎ、かなたにポツポツと点が見えてきた。今日は敵機群がやってきたのだ。南西方面の二〇二空から転勤した小高飛長は、足がふるえ興奮する自分が分かった。武者ぶるいに自制は効かない。

第二大隊第二中隊長を務める岩本飛曹長の零戦は、ラバウルからカビエン寄りを飛ぶ。いつもと同様、敵機群は北西方向から侵入するようだ。敵機群を充分に引き込んでから、いっせいに襲いかかるのが飛曹長の戦法だった。

最前方の零戦がバンク（主翼を振っての合図）をする。敵の先頭は双発双胴のP－38戦闘機だ。平面形が「井」の字に似て、まん中が空間なので心理的に、弾丸を当てにくい、と感じてしまうベテランが少なくなかった。

日本側の判断どおり、最前方を飛んでくるのは、SBD艦爆とTBF艦攻を直掩するP－38「ライトニング」。高度四四〇〇メートルで入ってきたため、待ち受ける零戦隊にとって優位の、戦いやすい相手には違いなかった。降りかかった零戦の二〇ミリ弾を受けて、まずＰ－38が落ちていく。

Ｐ－38二個飛行隊の一九機は、編隊を互いに交叉（シザリング）させつつ、艦爆と艦攻がめざすシンプソン湾に迫るところで、零戦にかぶさられた。まもなく集団機動は崩れて、雲層を利用しつつ各個空戦におちいった。空戦空域は湾の上空から東南東方向のガゼル岬へと広がっていく。

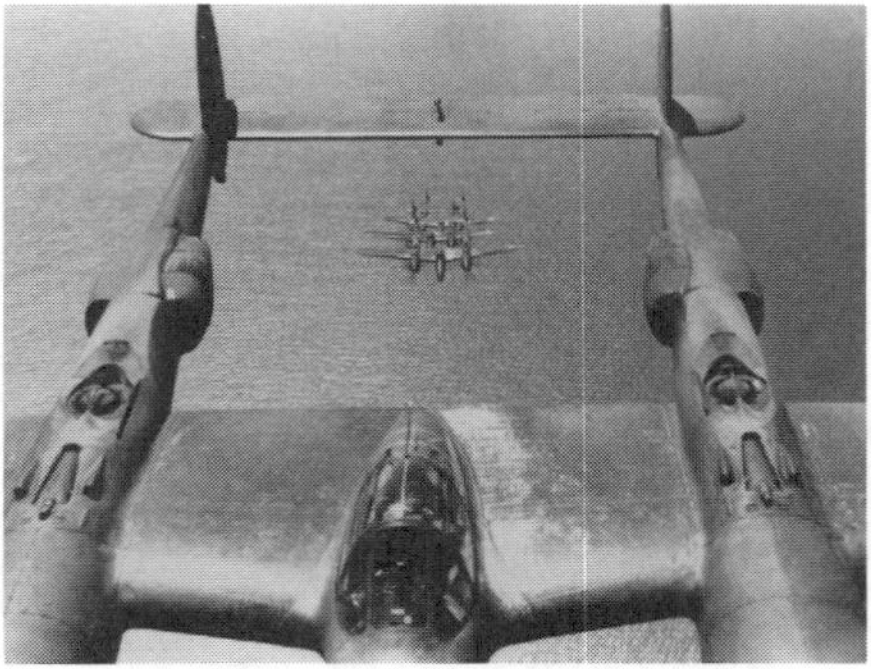

敵機群の先頭で中高度を飛んできたＰ－38は、待ち受ける零戦隊に一方的に叩かれ損害をこうむった。

第44戦闘飛行隊のパイロットは、同僚のＰ－38が海に突入するのを目撃した。第339飛行隊の報告と合わせて、Ｐ－38の墜落は計三機まで確認された。彼らの苦戦はいっこうに好転せず、零戦に追い回されるだけだった。

Ｐ－38ではこの日の最高戦果、単独で三機の確実撃墜（すべて誤認）を報じた第44戦闘飛行隊のコートスワース・Ｂ・ヘッド大尉は、腕達者なだけに、ガゼル岬上空で編隊を組み直して反撃しようと図ったが、Ｐ－38にとっては戦いつつ離脱するのが精いっぱい。立ち止まり、ふり返るような余裕などありはしなかった。

P－38に続いてF4U、F6Fとの戦いが始まり、ラバウル周辺上空はまったくの大空戦で埋めつくされた。

日本側が判断した敵機種と機数は、二〇四空の報告データよりも二五三空のそれの方がずっと事実に近く、SBD三〇機（実際は二九機）、TBF二〇機（同一八機）、P－38二〇機（同一九機）、F4UとF6Fとで約五〇機（同五一機）と、ほぼ当たっている。二〇四空はSBDまたはカーチスSB2C「ヘルダイバー」艦爆とTBFとで約六〇機、P－38約七〇機、F4U約三〇機、F4F／F6F約二〇機、それに今回の空襲には参加しなかった双発のB－26爆撃機約二〇機を加えて、全部で二〇〇機と判断した。SB2Cは外形のイメージがいくらか似ているTBFの誤認、B－26は遠方の他機種を見まちがえたようだ。

厳正とさえ言いきれる二五三空の見た敵機数と、一・七倍にふやけたうえ架空の機種までを含んだ二〇四空の数字の違いは、どこから来るのだろうか。もし、この機数が地上の監視員の判断を加えたりせず、搭乗員の報告だけでまとめたものだったなら（曇天なので地上からは見にくく、その可能性が強い）、そして勝手な憶測を許してもらえるなら、両部隊の搭乗員（それに司令部も？）の性格、ムードを反映していると言えるのではないか。

米側は、P－38の第13航空軍が「約六〇機の零戦が邀撃」と記録。海兵隊については、基幹資料の一つ〝History of Marine Corps Aviation in World War II〟に、ズバリ「日本戦闘機は七九機」と記してある。この数字は正確すぎるから、戦後に押収した日本側資料をチエックして書いたと考えられる。
ともかくも、日米合計一九六機による空戦はまさしく、すさまじいパノラマだったに違いない。

戦いは三〇分ほど継続し、零戦は午前十一時半ごろに東飛行場とトベラ飛行場に降着し始めた。風防を開けて滑走する零戦に、整備員や兵器員が大声で戦果を問いかける。

エンジン音で彼らの声は聞こえないが、なにを知りたいのか搭乗員には察しがつく。そこで、撃墜の機数を指で示してやるわけだ。

地上員たちにとって、もう一つ知りたいのは帰還機の数だ。未帰還が出るのは激しい空戦の宿命とはいえ、担当の整備員にとってはなんともつらい。だが驚くべきことに、零戦を数えると両飛行場とも出撃の機数と同じだった。一機も欠けずに帰投できたのである。そして、報じられた戦果がこの驚きに輪をかけた。

戦果の内容

各搭乗員の戦果を取りまとめた山口大尉ら幹部が、司令・柴田武雄中佐に申告し、中佐を含む司令部の判断により出された二〇四空の撃墜機数は、次のとおり。

P－38──三四機（うち不確実五機）
F4U──一四機（同二機）

F4F/F6F―五機（同二機）

SBDまたはSB2CおよびTBF―一六機（同八機。協同撃墜二機を含む）

合計では撃墜六九機（うち不確実一七機）。これで損失がゼロなのだから、海軍省の功績調査部長によって判定される総合評点は、当然「A」が付く。損害としては、山口大尉機、山中忠雄飛曹長機など八機が被弾しただけで、負傷者は一人もいなかった。

個人で最高の戦果は、岩本飛曹長と前田飛曹長の五機確実撃墜。岩本飛曹長の内訳はF4U四機とP－38一機、前田飛曹長はP－38四機と艦爆一機（SBDあるいはTBFかは不明）で、二人とも主として戦闘機と戦い続けたと知れる。反面、漫然と飛ぶ相手を狙うのならともかく、一撃離脱と編隊空戦を主用し、固い防弾装備の米戦闘機を、いかに手だれとはいえ、矢継ぎ早（ばや）に四機も落とせるのか、との疑問もわく。

次が荻谷上飛曹のP－38四機撃墜。柴垣博飛長のF4U二機、P－38一機、不確実の艦爆一機が第四位で、石田貞吾二飛曹のF4U、F6F、艦爆各一機、遠藤清治二飛曹のF6F一機と艦爆二機がこれに続く。荻谷上飛曹と石田二飛曹はともかく、飛練を終えて数ヵ月の若年搭乗員の大活躍には驚かされるが、攻撃した敵機の最期（さいご）を確認できるだけの余裕は少なかったことを、頭に入れて数字を見る必要はあるはずだ。

不確実を含む三機撃墜あるいは確実二機撃墜は計八名もいる。四三名の出撃搭乗員のうち、戦果を報じなかったのは一二名だけ、撃墜を申告した三一名のうち、不確実を含み複数機を落としたのが七割の二二名いる。

彼らが戦果を大げさに、あるいは虚偽を述べた、と言うのでは決してない。この時期のラバウル邀撃戦の激しさ、一機でも多く敵を屠（ほふ）ったと思いたい強い闘志の表われ、と見るべきだろう。

1000ポンド（454キロ）爆弾を抱きソロモンを飛行する海兵隊のSBD－4艦爆。機首機銃を装備し、空戦もできた。

二五三空のほうは確実撃墜一八機とある。内訳はP－38七機、F4U一〇機、F6F一機だが、個人戦果を記していないので、誰が最多撃墜者なのかは分からない。損失機はなく、被弾が四機だけ。そのうち三機を、第一大隊第一中隊の第二小隊が占める。小隊長の杉野一飛曹の技倆と性格から考えて、積極果敢な戦闘を行なった結果と思われる。

わずかな被弾で、撃墜一八機はたいした手柄だ。しかし、二〇四空の撃墜五二機（ほかに不確実撃墜一七機）の数字と比べると、三分の一でしかないから、どうしてもかすんでしまい、総合評点は「B」に甘んじた。本当に二五三空の戦果は少なかったのか。判断材料の一つは、消費した弾丸である。二五三空の行動調書と戦時日誌には、二〇四空のそれらにはない消耗弾薬が記入されていて、一月十七日は二〇ミリ弾二八五二発、七・七ミリ弾一万六二五〇発とある。これを、出撃機数に一機の機銃装備数をかけた数で割ると、一銃あたり二〇ミリ弾は四〇発、七・七ミリ弾二三六発と出る。

この時期のラバウルの零戦の二〇ミリ機銃は、六〇発弾倉と一〇〇発弾倉の二種なので、ごく乱暴に平均値を八〇発として、実際の装弾数をその一割引き（送弾不良を防ぐため、弾倉を満載にしないのが常）とみれば、五五パーセントほどの平均消費率になる。同様に、七・七ミリの消費率は三五パーセントだ。ベテランは二〇ミリ弾を小出しに使えるが、新人はたいてい全弾を早期に消耗する。搭乗割の新人の数を考慮して、消耗の度合、すなわち空戦密度はかなりな濃さだったようだ。

ちなみに、一月十四日に二五三空の零戦四四機が三七機の撃墜（うち不確実九機）を報告したときの消耗弾数は、二〇ミリ合計一八〇九発で一銃あたり二一発、七・七ミリ合計九七二五発で一銃あたり一一一発、それに三〇キロ三号爆弾二発である。二〇ミリ弾、七・七ミリ弾ともに、消費率は十七日の半分ほどでしかない。

二つ目の判断材料は、前述の来襲敵機数。実数に非常に近いのは、それだけ冷静だった証拠で、撃墜戦果のふくらみも少ないのではなかろうか。撃墜のうちF4Uが一〇機もあるのは、離脱時の降下などを誤認したもので、もちろん過大な報告には違いないが、合計戦果の膨張度は二〇四空よりも小さいと考えられる。

総合的に判断して、二〇四空の撃墜実数よりは若干少なくとも、総合評点でAとBの差がつくほどの開きはないと思う。

結論は完勝

こんどは米側の戦果の記録を見てみよう。

参加機数が最も多かったF4Uは、第211海兵戦闘飛行隊が撃墜四機と撃破六機、第212が撃墜六機（うち不確実三機）、第321が撃墜三機。F6Fは撃墜三機（うち一機不確実）、P－38は第44戦闘飛行隊が撃墜六機（うち不確実二機）、第339が撃墜八機（うち不確実六機）と撃破一機。ほかにTBF「アベンジャー」が防御用の旋回機銃で、撃墜二機と煙を吐かせての撃破一機を報告した。

合計すれば撃墜三二機（うち不確実一二機）。これらすべてが誤認で、本当の撃墜戦果はゼロ。日本側の過大な戦果を笑えない、大げさな申告である。撃破八機は、零戦の被弾機を該当させるなら、最大一二機と言うべきか（二～三個の穴をあけたぐらいでは撃破とは言いがたいが）。

それでは、日本側の真の戦果を意味する、損失はどうだったのか。

零戦にとっておあつらえ向きに侵入してしまったP－38は、八機が帰らなかった。これ以外はずっと少なく、F4U、F6F、SBD、TBFとも一機ずつが失われた。合計すれば一二機。被弾の機数は不明である。

ラバウルからシンプソン湾、ガゼル岬にかけての空域で、彼我二〇〇機がくり広げた大空戦の真の結果は、撃墜機数一二対〇で零戦隊の完勝に終わった。事実は、日本側が報告した確実撃墜の合計七〇機の六分の一にすぎないけれども、ラバウル／ソロモン航空戦史のなかで、まれに見る戦いと言えるだろう。

爆装のＳＢＤと雷装のＴＢＦによる艦船攻撃は、魚雷一五本と相当数の直撃弾が八隻に命中し、五隻を撃沈と米側に記録された。この十七日と、十四日および二十四日の空襲で、日本側は二万トンの艦船を沈められており、米側の記録ほどではなくとも、沈没が何隻かあったに違いない。

艦船の損失はともかく、大戦果を報告した二〇四空の搭乗員たちに、二十六航戦司令官・酒巻宗孝中将から司令官賞の清酒が出た。迫力ある出撃シーン、空戦シーンを16ミリフィルムに収められた日映の撮影班は、司令官賞をもらって喜ぶ搭乗員のカットも撮れて、予想以上の成果を得られたことだろう。主計兵たちは大戦果を祝って、ふだんは出さない海苔巻きや稲荷寿司をふんだんに作って振るまい、搭乗員の労をねぎらった。

一月下旬のラバウル邀撃戦は損害も増え、二月に入ると出撃機数は四〇～五〇機台に減っていった。

米第58任務部隊の艦上機群は二月十七日、日本海軍の後方根拠基地トラック諸島を襲い、十八日にかけての二日間で、「日本の真珠湾」と呼ばれたトラックは機能と滞在戦力の大半を失ってしまった。ラバウルは根を断たれた花も同然で、戦力回復と戦局の好転はもはや不可能と判断され、二月二十日までに零戦を含む航空戦力のほとんどは、ラバウル基地群を離れねばならなかった。まる二年にわたって名を響かせたラバウル航空隊は事実上、消滅した。

一月十七日の空戦のあと、ラバウル引き揚げまでの一ヵ月間に、完勝の戦果をもたらした搭乗員七九名のうち、約三〇名がラバウル周辺の航空戦に散った。一二対〇の戦いは、まさに燃えつきる直前の輝きであったのだ。

最後の切り札・剣部隊

——決戦航空隊の編成と実戦

数ある海軍航空部隊のなかで、二代目の第三四三航空隊ほど有名な部隊はないだろう。同じく短命ながら、あえなくつぶれて、存在すらろくに知られないままの初代の三四三空とは、まさに対照的である。

航空隊の実力は隊員（搭乗員と地上員）と装備機の優劣で決まり、功績と評価は投入される戦場によって左右されるケースが少なくない。三四三空は人員、機材とも末期の海軍航空隊の水準をこえる質をもち、実戦参加の状況も他隊より恵まれた面が多かったから、活躍しうる条件が整っていたのは間違いない。

さらに、この部隊が存在し、敢闘できた理由のなかにもう一つ、他隊には見あたらない特殊な要因があった。それは、司令を務める源田実大佐がいたことだ。

一般の航空隊では、司令は最高位の存在ではあっても、率先して部隊の運用をとりしきるケースは少なく、飛行長や飛行隊長がこれにあたるのがふつうだ。ところが三四三空は、司令になる人間が編成し、人員を選び、機材を決め、作戦の決断を下した。つまり、源田大佐がいなければ三四三空は生まれず、もし生まれたとしても、まったく異なったかたちの部隊構成だったと断言できるのである。

源田大佐の政治力で誕生

源田大佐が精強な戦闘機隊の編成を決意したのは、台湾沖航空戦に惨敗し、フィリピン航空決戦の旗色もめっきり悪くなった、昭和十九年（一九四四年）十一月から十二月にかけてのころと思われる。

戦闘機隊が勝てない→制空権を取れない→航空戦にしくじる→洋上決戦で負ける→戦争がますます不利になる、という負の連鎖を打ち破るためには、「勝てる戦闘機隊」を作らねばならない。

こうした考えを思いつく者はいくらもいただろうが、難しいのは「どうやれば『勝てる戦闘機隊』を作れるか」だ。十九年末といえばどの戦闘機隊でも、搭乗員・整備員の定員と、機材の定数を確保するのが精いっぱい。練度はのきなみ予定を下まわり、機材の質も低下するばかりだった。

既存の部隊がこの始末では、新編部隊がどの程度の内容なのか容易に予想がつく。搭乗員は飛行教育を終えたての者ばかり、機材は新機がそろわず、他隊の使い古しをもらって当座をしのぐ、ないない尽くしのレベルだ。

　ここで、源田実大佐の存在が大きくものをいう。

横須賀航空隊の戦闘機分隊長をふりだしに、海軍大学校卒業ののち参謀畑を歩み続け、さらに作戦のトップ機構である軍令部の部員を十九年末まで二年間つとめた。また十四年初めから十五年秋までは、駐英武官補佐官としてイギリスに滞在。誰が見てもこれは、まったくのエリートコースである。もともと戦闘機操縦員の出身で、真珠湾攻撃計画を練ったほどの切れ者の意見なら、海軍部内で重きをなすのは当然だ。

軍令部第一課（作戦課）航空主任といえば、大本営で航空作戦の立案を担当する主務参謀であり、戦力の配分や部隊の編成に強い権限を持っている。このポジションにいる源田大佐なら、無理を強行して「強い戦闘機隊」を作ることは、できない相談ではない。

　十九年晩秋の時点で、制空権奪回を目標にする戦闘機部隊の使用機が零戦では、力不足はまぬがれない。主敵グラマンＦ６Ｆに充分対抗できる新鋭局地戦闘機、量産が軌道に乗りだし制式採用が可能（実施部隊で多数機を装備するには制式機でなければならない）な川西航空機製の「紫電」二一（にいいち）型、つまり「紫電改」をあてることに決めた。

「紫電改」は「紫電」一一型の発達型ではあっても、外形上共通なのは主翼の形状だけで、ほとんど別機と言えるほどの再設計がなされていた。カタログデータはともかく、乗った者

押される現状に必須の戦闘機部隊を立案し、みずから率いるため司令職についた源田実大佐。

すべてに、二割の性能アップを感じさせる内容を持っていた。

新部隊の名称は、十九年七月にマリアナ方面で壊滅した第三四三航空隊を再使用する。

指揮下に入る飛行隊には、放っておけば全滅を待つばかりのフィリピンから、戦闘第三〇一飛行隊（二〇一空に所属）、戦闘第四〇七飛行隊（二二一空に所属）、戦闘第七〇一飛行隊（三四一空に所属）の三個隊を抜いてあてる。

各飛行隊とも台湾沖やフィリピンで過酷な実戦をくぐっているから、死傷者があいついで、搭乗員は定員よりもずっと少ない。不足分のうち中堅以上の者は、練習航空隊の教官・教員や実施部隊から補充する手を打つにしろ、どこの部隊もギリギリの状態でやっていて、ゆとりなど持っていなかった。

新鋭機装備の新航空隊を作るのは、もちろん容易ではない。しかし、源田大佐の経歴と地位、それに理論があらゆる障害を押しのけた。機材配分を担当する航空本部、人員を掌握する人事局も、源田案をほぼそのまま受け入れたように思われる。

〝個人〟の発案による異例の航空隊は、間を置かず十九年十二月二十五日に開隊し、第三航空艦隊第二十五航空戦隊司令官の麾下部隊として、愛媛県松山基地で訓練を進める方針が決まった。

米軍はフィリピンを手中に収めたあと、沖縄方面に来攻する公算が大きい。沖縄に来るならその前に、後方基地になる西日本、とりわけ南九州を叩くはずだ。松山は南九州と、「紫電改」生産会社・川西のある兵庫県との、中間に位置するから、作戦時にも機材受領の場合にも都合がいい。

源田大佐は、三四三空の編成から訓練開始までのお膳立てをすべて整えたあと、翌二十年一月十九日に、予定どおり司令として松山に着任した。開隊から一ヵ月近くものあいだ、整備主任や飛行長が司令を代行しつつ、大佐を待っていたわけだ。

彼と兵学校同期で論敵だった柴田武雄大佐が、阪神地区防空の三三二空から、ものになるかどうかも分からないロケット戦闘機「秋水」を装備予定の、三一二空司令に転勤した状況と比べれば、海軍航空の中枢を歩いてきた源田大佐の〝政治力〟が知れるであろう。

ベテランと中堅の搭乗員たち

三個飛行隊のうち、戦闘三〇一が最も早く準備に着手した。三四三空が開隊する前から横空で、中翼の「紫電」一一型と、オレンジ色に塗られた試製「紫電改」に乗って、操縦訓練を始めていた。

飛行隊長はフィリピン・ルソン島の二〇一空・戦闘三〇六から転勤の菅野直大尉（十二月二日着任）。兵学校七十期出身、西カロリン諸島ヤップ島で対B-24重爆、対F6Fの果敢な空戦を展開し、「頭脳は緻密だが、やり出したらあとへ引かない」との隊員評があった。

配下には、甲飛予科練三期出身で水上機から転科の柴田正司飛曹長、丙飛予科練二期の宮崎勇飛曹長、同三期の杉田庄一上飛曹、乙飛予科練十期の堀光雄上飛曹ら、南方で撃墜をかさねた敏腕搭乗員が要所を締める。ヤップ島以来の部下である笠井智一上飛曹、日光安治上飛曹、二〇一空・戦闘三〇五から転勤の桜井栄一郎上飛曹ら、一〇名をこえる甲飛十期出身者が中核をなしていた。

松山が基地に定められたのは、横空で訓練中、追浜基地の狭さを嘆く菅野大尉に、二六三空の隊員として一年前ここで訓練をした笠井上飛曹が進言したためだ。大尉はすぐに松山へ飛び、もどったのち源田大佐に報告、決定されたようである。

戦闘三〇一についで松山で錬成に入ったのは、「温厚で人情あつい人格者」と評された兵学校六十八期出身の鴛淵孝大尉がひきいる戦闘七〇一。鴛淵大尉は同じくルソン島にいた二〇一空・戦闘三〇四からの転勤だ。

戦闘七〇一はフィリピンの三四一空当時から「紫電」一一型で戦っていた。この戦いの中心人物の一人が、二十六期操縦練習生出身の超ベテラン、松場秋夫少尉である。ラバウル帰りの塩野三平上飛曹（甲飛七期）も三四一空以来の戦闘七〇一搭乗員だし、同じくラバウル経験者の八木隆次上飛曹（丙飛六期）と杉滝巧上飛曹（丙飛七期）は厚木基地の三〇二空「雷電」隊からの転勤だった。先任下士官は操練五十四期の松本安夫上飛曹が務めた。ほかに、片方の視力を失っていた有名な坂井三郎少尉（操練三十八期）も、ここにいた。

20年２～３月、松山基地に設けられた臨時の戦闘三〇一指揮所。立て看板に「新選組」と別称を書いてある。左から柴田正司飛曹長、田中弘中尉、宮崎勇飛曹長、沢田壮司少尉。遠方の格納庫は迷彩ずみだ。

人員の多数を占めるのは三宅淳一上飛曹ら甲飛十期、十一期、それに特乙一、二期の飛行兵長たちだった。乙飛の予科練期間を大幅に短縮した特乙出身者は、このとき十八歳前後。若さが慣熟のテンポを速め、操縦技倆は年齢のイメージよりも高かった。

鴛淵大尉の松山着任は一月八日。環境になじむ地形偵察ののち、翌日から訓練を開始した。

残る戦闘四〇七の飛行隊長は、「静かでむっつりしたところがあるが熱血漢」、兵学校六十九期の林喜重大尉。指揮航空隊は三六一空、二二一空、三四三空と変わったけれども、十九年三月からずっと戦闘四〇七の隊長だった。

部下には、操練二十二期の石塚光夫少尉を別格として、本田稔飛曹長（甲飛五期）、下鶴美幸上飛曹（丙飛二期）、遠藤司郎上飛曹（甲飛七期）らベテランがならぶ。この下に中尾秀夫上飛曹、伊奈重頼上飛曹ら甲飛十期のフィリピンから帰った「紫電」一一型経験者、平山成徳一飛曹、山本富雄一飛曹ら甲飛十一期と乙飛十七期、特乙一、二期の出身者が多数を占めていた。

戦闘四〇七だけは鹿児島県出水で「紫電」一一型の操訓を続け、松山で訓練を始めるのは二十年一月二十六日からと、最もおそい。

「精鋭集結」の世評はどこから？

ところで、「熟練搭乗員をかき集めて編成された」というのが、三四三空の枕言葉をなしている。ここにベテランを中心に人名をならべてみると、確かに三個飛行隊の腕達者の数は、他隊に比べていくぶん多いとも思えるが、際立つほどでは決してない。

一月ごろの全体の平均技倆も、水準を若干うわまわるあたりだろう。それなのに、実際以上のイメージを周りに植えつけた原因は、三つあげられる。

一つは、「雷電」装備の三〇二空、三五二空を中心に、中堅以上の搭乗員を引き抜いた強引さだ。「雷電」隊からの転勤がめだつのは、こんな難物機をこなせる搭乗員なら、「紫電」や「紫電改」にも乗れる、と考えられたためだろう。抜かれた部隊としてはおもしろくないから、自然「源田はいい人材をかき集めてしまう」との感を強くする。

二つ目は、新鋭機「紫電改」をほとんど専有した自隊本位だ。当時の川西の生産力では、三個飛行隊の定数約一五〇機と予備機、それに損耗分の補充をするだけで限界である。事実、三四三空以外に、実用テスト担当の横空が数機を持っているだけで、ほかには終戦まぎわに、見本として何機かもらった「紫電」飛行隊があるにすぎない。

比島帰りの伊奈重頼上飛曹は戦闘第四〇七飛行隊の中堅搭乗員。「紫電改」の方向舵上端に書かれたBが同飛行隊を示す。

「速度と上昇力は零戦よりもずっと上、空戦フラップがあるから格闘戦にも強い。F6Fに勝てる、実に頼もしい重武装の戦闘機」というのが三四三空搭乗員たちの「紫電改」評だ。「紫電改」のうわさは零戦部隊にも広く行きわたっていた。

これを装備するのはただ一部隊、「源州」と呼ばれたこわもての源田大佐が司令を務める必勝航空隊ならば、精鋭が集まって当然、といった雰囲気ができ上がる。このイメージは戦後も続き、大佐の著著や映画でいっそうあおられ、定着してしまった。

以上二つはムードによるものだが、三つ目は内容が異なる。それは、訓練期間をガッチリと押さえた権勢だ。「五月中旬までは実戦に使わない」との司令の決意は二ヵ月早まってしまうが、それでも三ヵ月近くを錬成にあてる猶予を得られた。

昭和二十年二～三月といえば、B－29の大編隊が工場地帯を襲い、関東では敵艦上機が乱舞し始めたころだ。海軍も陸軍も戦闘機を持っている部隊は、総出で邀撃に加わった。こんなとき、航続力が小さい「紫電改」でも行動半径内の、大阪や神戸が空襲されても、三四三空は出なかった。新鋭機でやっつけてくれ、との声は各方面から上がったはずだが、ひたすら訓練に邁進した。他隊では不足しつつあった燃料も、必要量が確保されていた。源田司令の〝政治力〟がなかったら、こんな真似はとうてい不可能だったろう。

当然、搭乗員の技倆は向上し、他隊との差は大きく開く。彼らが新鋭機で戦うのだから、一般の零戦隊より強いのはあたりまえで、もともと精鋭を選りすぐっていた、と見られてしまう結果につながったのだ。

三四三空の初陣

源田司令が三四三空に導入した戦法は、あらためて述べる必要がないほど知られている。すなわち二区隊・四機が基本をなす編隊空戦を徹底し、日本機の弱点とされた無線電話による相互連係を重視した、米軍式の集団機動である。制空権奪回が任務だから、主目的は敵戦闘機の撃墜に置かれた。

それには「紫電改」の可動率を高めねばならない。最大の難点は、小直径で高出力の複雑な「誉」エンジンにあったが、各飛行隊固有の整備員の大半が普通科を卒業、班長クラスはみな高等科マーク付きと、実力のレベルが高く、六月までは六〜七割の可動率を維持するに至る。

精神鼓舞の観点から、戦闘三〇一は新選組、四〇七は天誅組、七〇一は維新隊、先行偵察用の「彩雲」装備の偵察第四飛行隊（フィリピンで壊滅した隊を再編。二月一日付で編入）は奇兵隊と、それぞれニックネームを付け、航空隊の別称を隊員間に公募して剣部隊に決めた。

部隊名称の発案者が誰だったかには、いくつかの説がある。戦闘三〇一隊長・菅野大尉も、戦闘七〇一の八木上飛曹も「剣」のアイディアを出し、大尉はパーカーの万年筆、上飛曹は黒革の財布を、司令から賞品にもらった。

二月一日の時点で三個飛行隊の合計装備数は、「紫電改」二〇機と「紫電」五七機。定数の半分しか充足しておらず、しかも四分の三までが旧式の「紫電」だったが、二月から三月にかけて積極的に機材受領を進め、三月中旬には定数不足ながら「紫電改」が主力に変わった。

沖縄戦の露払い、米第58任務部隊の空母群は三月十四日にウルシー泊地を抜錨。十八日に南九州の各基地へ延べ九四〇機（日本側判断）で襲いかかった。日本側の惨敗を知った源田司令は、明日は呉軍港をねらうはず、と確信し、可動全機出動の態勢を整えた。隊員たちのあいだでは「司令が、敵来襲、三四三空初空戦の夢を見た」と、うわさが流れた。

三月十九日のまだ暗い午前五時、搭乗員整列を下令。「古来、これで充分という状態で戦を始めた例はない。目標は敵戦闘機」。簡潔な司令の訓辞ののち、先発の「彩雲」四号機から敵情が入り、午前七時までに出動したのは、上空警戒の四機をふくみ、「紫電改」四三機と「紫電」一一機。高度を稼いだところで敵機発見という、ベストの会敵状況だった。

第一報をもたらした「彩雲」高田満少尉機は、軽空母「バターン」から発艦した第47戦闘飛行隊の、ロッケ・H・トリッグ中尉のF6Fに撃墜された。

世に名高いこの三四三空の初空戦で、F6F、F4U艦上戦闘機が合計四八機、SB2C艦上爆撃機四機の撃墜戦果（ほかに松山基地の地上火器がF4U五機を撃墜）が報じられている。対戦相手は第9、第17、第29、第83戦闘飛行隊、第10、第17戦闘爆撃飛行隊、第123海兵戦闘飛行隊など。敵はこのとき「紫電改」を知らず、「雷電」や陸軍の「疾風」「鍾馗」「隼」などと誤認している。

第123海兵戦闘飛行隊のF4Uは、前日に南九州を攻撃した僚隊が戦った零戦隊とは、比較にならないエキスパート・パイロットの乗る日本機群に襲われた。救援を求める叫び声と同時に、たちまち二機が落とされ、手ひどく被弾した八機のうち一機は帰途に墜落。三機は空母「ベニントン」に着艦できたものの再使用不能で、海へ捨てられる始末だった。

空戦は日本側が優位戦を維持した。あいついで敵戦闘機の捕捉に成功し、「まるで演習のようだった」と感じた搭乗員が少なくない。

空母「ホーネット」に着艦した第17戦闘飛行隊のF6F－5「ヘルキャット」が収容される。三四三空との会敵前日の３月18日。

戦死した搭乗員は戦闘三〇一が三名、戦闘四〇七が六名、戦闘七〇一が五名、偵四が三名（「彩雲」四号機）。菅野大尉が一機撃墜後に落下傘で降りたから、合わせて一六機を空中で失っている。

三四三空側から見た三月十九日の戦果と損害を示す、海軍の公式文書は取りはずされたらしく、ゆくえが知れない。ここに掲げた数字は、司令だった源田実氏が、戦後にまとめた回想録に記載されたものである。

対する米海軍側の記録による資料も、十八日、十九日に関してはもう一つ手応え（てごた）に乏しく、とりわけ三四三空との交戦について確証を得にくい。全貌（ぜんぼう）を知れるまでには、いまだ時間を要するのではなかろうか。

源田氏の表記に従って、空戦での戦闘機のみの損失をみれば、「紫電改」一五機対米軍四八機であり、仮に三四三空の戦果判断を過大とみて二分の一に減らしても、「紫電改」の勝利は動かない。三分の一にまで絞りこんでようやく対等だから、諸種の状況を考えれば、互角以上の戦いを展開したと見なして不自然ではなかろう。

エンジンの酷使や被弾がひびいて、翌日の可動数は「紫電改」一八機、「紫電」九機にまで落ちこんだ。飛行部隊の戦力維持に欠かせない機材の補充は、充分とはとうてい言えず、三四三空が一度に五〇機以上をくり出せる機会は二度と訪れなかった。

苦戦の四月

三月十九日の空戦ののち、ふたたび訓練にもどった三四三空だったが、それにピリオドを打たせたのが、三月下旬に始まった沖縄航空決戦である。

沖縄戦こそ最後の勝機と考える海軍は、持てる航空兵力の大半を南九州の基地群に注ぎこむ。ここに及んで、精鋭と自他ともに認める三四三空の投入は避けられず、源田大佐も腹をくくったに違いない。四月一日付で五航艦に編入され、十日以降「紫電改」は戦闘三〇一、四〇七、七〇一の順で、松山から鹿児島県鹿屋基地に移動した。特攻機の進路を切り開く、南西諸島線の制空が任務だった。

戦闘三〇一のほぼ全力と戦闘七〇一の一部が鹿屋進出を終えた四月十二日、菊水二号作戦で出撃する特攻機の進路を開くため、奄美大島、喜界島（きかいじま）（奄美東方）の空域へ向けて、菅野大尉の指揮で可動全力、一一個区隊・四四機の搭乗割が組まれた。しかしメカニズムの弱点、「誉」エンジンの不調が頭をもたげ、二機が発進を取りやめ、離陸後さらに八機が引き返した。

4月10日、沖縄戦のため鹿屋基地へ向かう戦闘三〇一飛行隊長・菅野直大尉の「紫電改」。胴体の黄帯２本が隊長機を示す。

三四機は奄美大島西方まで進撃ののち旋回して、喜界島の南に出たところで、高度三〇〇〇メートルに第82戦闘飛行隊のF６F約二〇機、高度一〇〇〇メートルに第112海兵戦闘飛行隊のF４U約三〇機を発見。F６Fより三〇〇〇メートルも上空にいる「紫電改」は、二群に分かれて降下突撃にうつる。途中で、第17戦闘飛行隊と第17戦闘爆撃飛行隊のF６F三〇機ほどが、戦いに加わってきて乱戦に移行した。

空戦開始時は三四三空にとって完全な優位戦だったが、一撃後には四機編隊がくずれて、二機単位あるいは単機に変わるケースがめだった。

二倍以上の敵を相手の、二〇分をこえる喜界島上空の攻防で、杉田上飛曹の四機撃墜（うち一機不確実）を筆頭に、合計二三機（うち三機不確実）の撃墜戦果

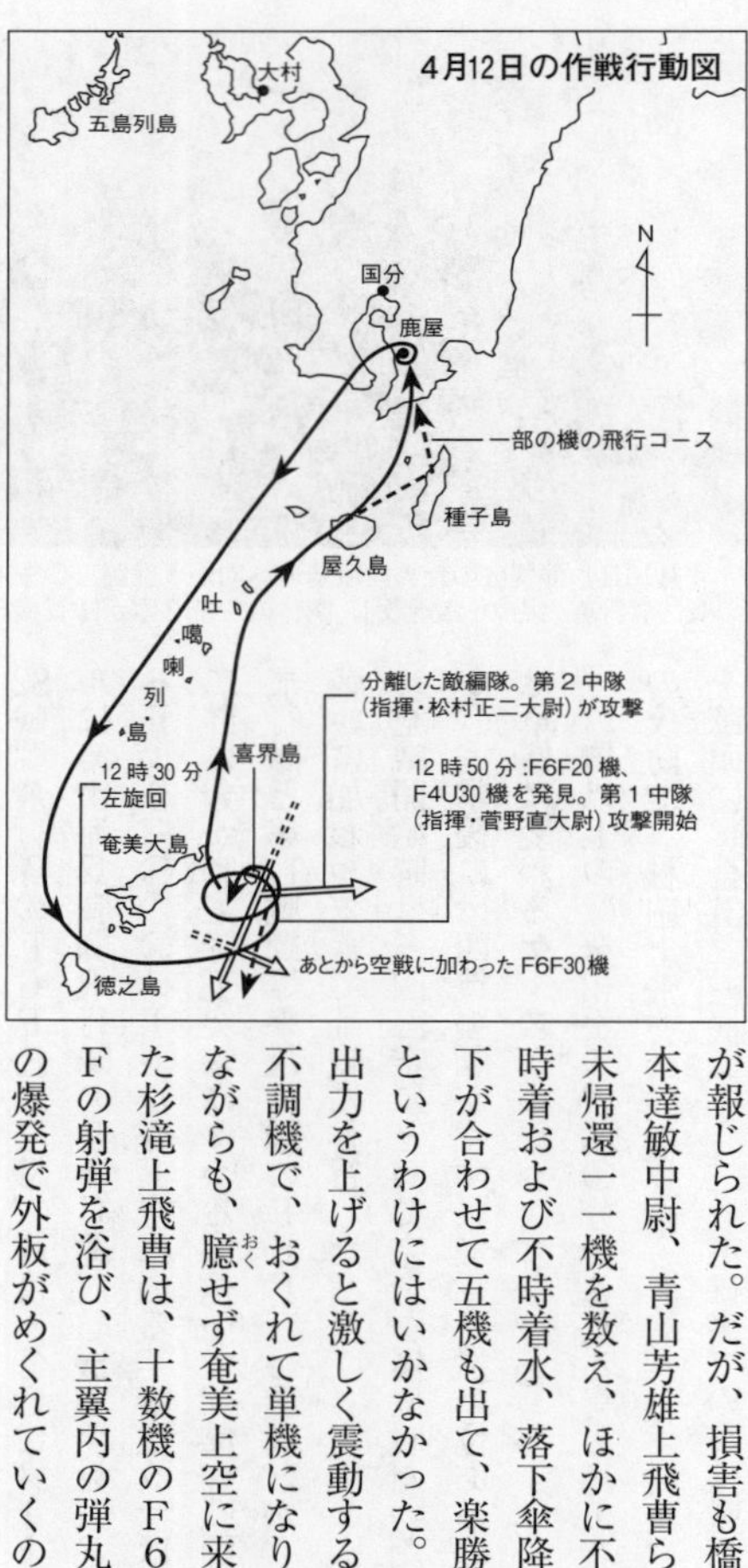

が報じられた。だが、損害も橋本達敏中尉、青山芳雄上飛曹ら未帰還一一機を数え、ほかに不時着および不時着水、落下傘降下が合わせて五機も出て、楽勝というわけにはいかなかった。出力を上げると激しく震動する不調機で、おくれて単機になりながらも、臆せず奄美上空に来た杉滝上飛曹は、十数機のＦ６Ｆの射弾を浴び、主翼内の弾丸の爆発で外板がめくれていくのを見て、機外へ脱出した。

三個飛行隊の主力が鹿屋にそろった四月十五日、三日前の空戦で活躍した杉田上飛曹は、電探情報による出動下令がおくれ、三番機・宮沢豊美二飛曹と発進したところを、空母「インディペンデンス」から出た第46戦闘飛行隊のロバート・Ａ・ウェザラップ少佐編隊（Ｆ６Ｆ）に襲われて、二名とも墜落戦死した。

猛進タイプの菅野大尉を守るには、杉田上飛曹の役をこなせる優秀な部下を付けねばならない。源田大佐は、マリアナ戦以来Ｆ６Ｆを落とし続けてきた辣腕（らつわん）、戦闘七〇一の松場少尉に「代わりはいないか」と聞いた。

「武藤しかいません」。中尉の言葉で、大佐は横空と海軍省の人事局にかけあい、操練三十二期の撃墜王、横空で「紫電改」に乗ってＦ６Ｆを落としていた武藤金義（かねよし）少尉が、戦闘三〇一の分隊士に着任する段取りがついた。

交代に坂井三郎少尉を横空に転勤させたが、横空としても武藤少尉を出したくなかったに違いない。無理が通ったのは、やはり源田大佐の〝顔〟と、三四三空の存在価値が大きく作用したからだろう。

翌四月十六日、剣部隊は大敗を喫した。奄美大島、喜界島の上空で、戦闘四〇七の一一機は敵発見ののち旋回上昇中に、後上方からＦ６Ｆ群の攻撃を受け、戦闘三〇一の一四機も別の敵編隊と空戦に入った。不利な空戦の結果、戦闘四〇七は六機、戦闘三〇一は三機を失い、報じられた戦果は不確実一機を含む撃墜三機だけに終わった。

敗因は各飛行隊間の連係不足にあった。最も高度をかせいでいた戦闘七〇一の八機が、上昇中に敵を見失って、空戦にまったく参加できなかったのだ。対戦したのは、日本機との戦闘法をのみこんだ第17戦闘飛行隊のＦ６Ｆ。無線電話の質と運用法のレベルは、日本航空部隊のなかでは群を抜く三四三空ですら、米海軍との差を埋められはしなかった。

増える敵機に減る戦力

五航艦の主力基地・鹿屋は、混雑して、「紫電改」三〇機の離陸から空中集合までに二〇分以上を要し、また敵機の攻撃の第一目標にされるため、四月十七日に同県内の第一国分基地に移動。ここで二十一日、九州の各基地に連日空襲をかけてくるB-29への邀撃戦を実施した。

もともとが局地戦闘機の「紫電改」は、二〇ミリ機銃四梃を備え、大型機攻撃に適しているはずだが、この日の朝、三個飛行隊の合計三〇機が交戦したにもかかわらず、戦果は撃墜二機、撃破二機と意外にふるわなかった。

その原因には、B-29の防御力の高さのほか、三四三空がこれまで対戦闘機戦闘だけにしぼってきたため、超重爆の巨大さに慣れず遠距離から射撃しがちだったこと、緩降下しつつ高速で来襲するので、捕捉が困難だったこと、行動が分散し、同一編隊への反復攻撃ができなかったことなどがあげられる。

ヤップ島でB-24の邀撃をなんども経験していた菅野大尉だけが、投弾を終えて離脱する八機編隊に、直上方と直下方攻撃を繰り返す得意の「8の字攻撃」で挑み、一機の単独撃墜に成功した。

この戦いで、三四三空は二機を失った。一機は戦闘四〇七飛行隊長・林喜重大尉だ。さきの十六日の空戦で、石田貞吉上飛曹ら直率(じきそつ)の列機三名を一挙に戦死させたため、部下思いの林大尉は、命を引き換えにしてもB－29を落とす覚悟でいたようである。一一機編隊に一撃をかけたのち、編隊行動から抜けて単機で敵を追い、一九機編隊をつかまえて攻撃をくり返す。そこへ戦闘三〇一の清水俊信一飛曹機が加わって、一機撃墜を果たしたけれども、敵弾を受けた林機は自爆して消えた。

逆ガル翼、双垂直尾翼の特異な形状のPBM－5「マリナー」。合計500キロちかくの鋼板による耐弾能力は高い。

三四三空の強さの一因、つねに先頭に立って出撃し、隊員からこぞって慕われた三名の飛行隊長の一角が、欠けてしまった。

四月二十五日に松山に帰って、戦力回復に務めた三四三空は五日後、支援設備が整い、敵来襲までに時間をかせげる長崎県大村基地に移り、以後は敗戦まで大村からの作戦を継続する。F6F、F4U艦戦のほか、沖縄から飛来する米陸軍機、米海軍哨戒機との空戦は五月三日から始まった。

哨戒機との戦いとは、五島列島周辺でのいわゆる飛行艇狩りのことだ。実際の相手は、沖縄の西の慶良間（けらま）列島から来るマーチンPBM－5双発哨戒飛行艇と、読谷（よみたん）が基地のコンソリデイテッドPB4Y－2四発哨戒爆撃機で、後者は胴体が飛行艇に似ているための誤認である。どちらも日本近海の船舶を求めて、少数機で来襲。日本戦闘機に見つかると、海面すれすれを飛びつつ、それぞれ八梃および一二梃もの一二・七ミリ機銃で応戦する、思いのほか手ごわい相手だった。

司令から直接に飛行艇狩りを命じられた松場中尉（五月に進級）は、五月十五日の午前十時すぎに情報が入ると、正午まで待機ののち、八木上飛曹との二個編隊八機で五島上空へ出動。まもなく八木区隊の二機が、エンジン不調で引き返す。

基地からの電話で、敵機の位置を宇久島（五島列島北端）の北北東と知らされ、索敵中に、雲の中からいきなり現われたＰＢＭ－５二機を、先頭の松場機と二番機・杉滝上飛曹が攻撃。一機がたちまち火を噴いて墜落した。降下して超低空を逃げるもう一機の射弾が当たって、箕浦（みのうら）信光一飛曹は戦死、松場中尉も左足に傷を負った。中尉から電話であとを託された八木上飛曹は、二機ずつに分かれて攻撃を続け、海に突入させた。

洋上を南西方向へ六〇キロの追撃戦で、ＰＢＭを二機とも葬ったけれども、「紫電改」六機中一機が落とされ、四機が被弾するほどのあなどりがたい相手だった。

剣部隊の主敵はやはり米艦戦である。六月二日の撃墜一八機、損失自爆二機、六月十二日の撃墜二〇機、損失ゼロ、七月二十四日の撃墜一六機、損失自爆・未帰還六機など、いずれも三四三空司令部が判定した結果だ。少なからぬ戦果の重複や誤認を考慮すれば、多数の敵を相手に、勝利を収めたと言いがたい戦闘が見受けられる。

この間、六月二十二日に二代目の戦闘四〇七飛行隊長・林啓次郎大尉が、奄美大島付近で、伊江島から飛来したP－47の銃弾に倒れ、七月二十四日には戦闘七〇一飛行隊長の鴛淵大尉が、F4U、F6Fと戦って豊後水道の上空に散った。さらに八月一日、九州南方洋上でB－24とP－51を迎え撃った戦闘三〇一飛行隊長の菅野大尉が帰らず、三四三空発足時の空中指揮官は一人もいなくなった。

最後の大規模空戦は八月八日の対米陸軍戦爆連合（マリアナから八幡を空襲のP－51とB－29）で、八機を落とし九機が帰らず、十二日にふたたび戦爆連合（沖縄からのP－51とB－24）と戦い、戦闘四〇七の大塩貞夫大尉を失って敗戦を迎えた。

可動機が定数が二割にすり減るまで戦い続け、敗戦まぎわまで熟練搭乗員の確保に努めた、三四三空の報じた戦果は撃墜約一七〇機。

四名の飛行隊長を含む八八名の搭乗員（うち三名は「彩雲」）を空戦で失った、剣部隊の活動がなかったら、昭和二十年の海軍戦闘機隊史は一方的な苦戦の連続で、ページを閉じてしまったに違いない。また「紫電改」も、「紫電」隊に少数機ずつ分散配備されていたなら、有効な兵器とは見なされ難かっただろう。

前半で述べたように、源田大佐の強引とも思える方法で作られた三四三空だが、唯一の「紫電改」部隊として充分にその役を果たした。人員と機材に名をなさしめた大佐の、自身の〝力量〟の使い方はこの場合、やはり正当であったと言わねばなるまい。

過負担空域に苦闘す
——希望的「零観神話」をぬぐい去る

日本軍が最後に送り出した複葉の第一線機——三菱が設計・生産した零式観測機、略して零観（ゼロかん）には、戦闘機や艦爆、艦攻、陸攻のようなはなばなしさ、力強さは感じにくい。けれども、水上機として地味な任務をよくこなし、軍の活動に貢献した点では、艦上／陸上の攻撃用機とくらべても、まったく遜色はないだろう。

零観の主任務とみなされたのは、艦隊決戦のさいの弾着観測だった。しかし、日本海軍が想定した主力艦隊同士の大砲撃戦など、一度も起こらなかったため、実質的には、〝零式複座水上偵察機〟に落ち着いてしまった。

水偵には、操縦員と偵察員が乗る二座（陸軍で言う複座と同じ）と、電信員を加えた三座があり、ともに対潜哨戒や索敵を担当するが、三座水偵には真似（まね）ができない二座水偵だけの、それも日本の二座水偵に限って与えられた特殊な任務がある。それは積極的空戦、つまり敵機を捕捉し撃墜する機動だ。

零観がしばしば撃墜戦果をあげた記述はよく知られていても、具体的な戦いぶりについては、ほとんど紹介されてこなかったと言える。そこでここでは、一般に南方戦線と呼ばれた南東方面、南西方面、中部太平洋方面での、零観の空戦状況をとりあげることにした。もとより、すべての空戦など列挙しようもなく、ここに登場する部隊、人員はごく限られたものにすぎないが、それでも実情の把握には役立つと思う。

先輩機の好成績

昭和十二年(一九三七年)七月に始まった日華事変で、華中および華南の戦域を担当した海軍は、優勢のうちに航空戦を進めていった。弱小ながらも敢闘する中国空軍を相手に、海軍戦闘機隊は多数の撃墜をかさねたが、意外な奮戦を見せたのが九五式水上偵察機隊だ。特設水上機母艦搭載、巡洋艦搭載、それに基地水上機隊の九五水偵は、事変勃発から一四ヵ月のあいだに、判明しているだけでも延べ一〇六機が中国機(多くは戦闘機と思われる)と交戦。報じた撃墜は実に六六機(うち不確実一三機)にのぼる。損失は不明だが、まず報告戦果の一割程度と思われる。

もちろん戦果は、どうしぼっても誇大になりがちだから、実数は二分の一から三分の一と見るのが妥当かも知れない。だが間違いないのは、九五水偵は戦闘機とも互角以上にわたり合える、と海軍に確信させた影響の存在だ。やはり複葉二座の九六式艦上爆撃機が敵機を撃墜するケースも見られ、海軍航空本部は二座機隊の空戦技倆の向上に、いっそうの拍車をかけ始める。

日華事変で九四式水上偵察機(左上)を掩護する九五式水上偵察機。九五水偵は中国戦闘機に立ち向かい、撃墜を記録した。

このときすでに十試水上観測機の名で、海軍側の試作機テストが進められていた零観に、他国では考えられないほどの格闘戦能力が求められたのも、当然のなりゆきと言えた。

零観、登場

事変勃発から昭和十五年二月までのあいだに、九五水偵の各隊に感状が合計九度、授与されている。そのうち最高の三度（うち二度は他の九五水偵隊と協同）を占めるのが、特設水上機母艦「神川丸（かみかわまる）」の水偵隊だ。

武運に恵まれた「神川丸」水偵隊は、九五水偵六機と三座の九四式水上偵察機三機で編成されており、第三連合航空隊の一隊として華南での作戦を続行。十五年十一月には第六航空戦隊に編入されて内地にもどり、翌十六年四月に第十二航空戦隊（六航戦を改称）司令官の麾下でふたたび華南に進出、福州沖の長基島に基地を新設して航空戦を行なった。

この作戦は短く、五月初めに内地に帰り、佐世保工廠にドック入りした「神川丸」を待っていたのが、新鋭〝二座水偵〟の零観である。

九五水偵から零観への機種改変を担当した一人が、第六期飛行予備学生出身で「神川丸」の飛行士（飛行長の補佐役）を務める清水康男予備少尉。清水予備少尉は九五水偵で長基島からの華南方面作戦に従事したのち、名古屋の三菱重工・大江工場へ出向いて零観の受領作業を進めた。

慣熟飛行は横須賀航空隊の下士官操縦員の手ほどきにより、工場の沖、すなわち名古屋港外で実施された。清水予備少尉以下の「神川丸」飛行機隊搭乗員は、九五水偵に比較して、全般性能は上だが、機体が重く運動性がやや劣り、滑水時はトップヘビー気味、滑水旋回時に横風に弱い半面、ベタナギで滑水してもひっくり返らない（九五水偵はナギの海面での転覆が顕著だった）といった特徴を呑みこんで、六機を受領。佐世保へ向かい、ドックを出た「神川丸」に搭載された。

前後して九四水偵を同じ三座の零式水上偵察機に変え、零観六機と零水偵四機を積んだ「神川丸」は、開戦第一撃のマレー攻略作戦を支援するため、昭和十六年十一月下旬に佐世保を出て海南島の三亜に入港。以後、南進作戦にそって転戦するが、清水予備少尉は十七年初めサイゴンまで行ったところで、転勤の辞令が出て内地へ向かった。

このあと彼は、零観による本格的な空戦訓練を経験する。戦闘機の錬成航空隊・大分空で九六式艦上戦闘機と、ガンカメラを使っての格闘戦を実施。ベテラン操縦員が乗った九六艦戦は、複葉の零観よりもさらに旋回半径が小さく、またうまいチャンスをつかんで九六艦戦の後ろについても、速度差ゆえに距離が遠すぎるなど、「零観ではかなわない」と感じさせられた。十七年三月に進級の清水予備中尉は、ここで一日三回、一回三〇分ずつの空戦訓練を一週間みっちり受けて、ひねりこみを含む空戦のハウツーを身体に叩きこんだ。

戦艦「扶桑」の飛行長（母艦以外は搭載機が二〜四機なので尉官を飛行長に補職）などを経て、清水予備中尉はふたたび「神川丸」飛行機隊への転勤命令を受けるのである。

16年12月下旬、仏印・サイゴン河口の応急水上基地にならんだ「神川丸」飛行機隊の零式一号観測機一型(まもなく一一型へ改称)。水があればどこでも基地を造れるようすを知れる。

ところで、水偵隊員たちは零観をなんと呼んだのか？答えは「観測機」あるいは「ゼロかん」。「れいせん」「ゼロせん」の二本立てだった零戦に対し、「れいかん」

と呼ぶケースはあまり見られなかったようだ。

ソロモン航空戦

昭和十七年八月に起きた米軍のガダルカナル島上陸は、これまで名を知る者すらまれな南部ソロモン諸島のこの島をめぐる、激烈な航空戦を引き起こし、南東方面（東部ニューギニア以東）を海軍搭乗員の墓場とまで呼ばせるに至る。

航空兵力のソロモン諸島への集中は急務になった。とりわけ滑走路がいらない水上機部隊は、基地の設営にほとんど手間がかからないため、進攻作戦の一段落で急用がなくなった水上機母艦を、北部ソロモン諸島のブーゲンビル島のすぐ南にある、ショートランド島に集めるよう決定。九月上旬のうちに、四隻の母艦搭載機四九機の大半がショートランドに集結し、第十一航空戦隊を中心とするR方面航空部隊を構成した。

このうちの一隻が「神川丸」である。十一航戦に編入され、六月のアリューシャン方面作戦に加わったのちのショートランド進出だったが、この時点では「神川丸」の飛行機隊は、零戦にフロートを付けた二式水上戦闘機一一機と、零水偵二機で、零観は一機もなかった。

水上戦闘機隊は邀撃（ようげき）や強行偵察、水偵隊は索敵攻撃（爆弾装備）や長距離偵察、対潜哨戒に活躍したけれども、他艦の零観、零水偵をふくめR方面航空部隊の戦力不足はおおえず、とりわけガダルカナル輸送の掩護（えんご）達成がむずかしい。そこで九月十六日、現有機数二六機

（うち零観一八機）を二倍以上の五七機（同二六機）に増やしたいとの要求を出した。

　この要請に対し、零観については二とおりの増強策が実施された。一つは「神川丸」が内地にもどって補充機を積み、十月中旬ショートランドに到着したこと、もう一つは特設水上機母艦「国川丸（くにかわまる）」が九月二十四日に到着して、R方面航空部隊の指揮下に加わった（十一月一日付で十一航戦に編入）ことだ。

　索敵や対潜哨戒はもちろん、空戦をもこなす零観は、零戦、二式水戦とともに、ガ島輸送の掩護によく働いた。だが、同島から来襲する米海兵隊のグラマンF4F艦戦や米陸軍のベルP－39戦闘機とわたり合って、損耗も激しく、十月十日のように可動機ゼロにおちいる事態も生じた。

　反対に零観八機と零戦六機が、ボーイングB－17重爆撃機を掩護してきたロッキードP－38戦闘機七機全部の撃墜を報じた、翌十八年一月五日のようなケースも見られたが、彼我の戦力差は広がる一方だった。最大三七〇キロ／時の劣速、七・七ミリ機銃二梃のささ

ショートランド第二基地で「国川丸」搭載機が整備を受ける。
昭和18年1月のあたりから零観隊の苦戦が度合を増していく。

やかな火力に歯がみし、運動性だけでがんばる零観の苦戦は、日を追って増していく。

清水予備中尉がふたたび「神川丸」の零観隊に転勤し、ショートランドにやってきたのは昭和十七年の初冬のころだった。晴天の日でもテントの中はしずくがたれ、タバコの巻紙がはがれてしまうほどの湿気にも慣れた中尉は、周辺海域で潜航中の敵潜水艦に六番（六〇キ

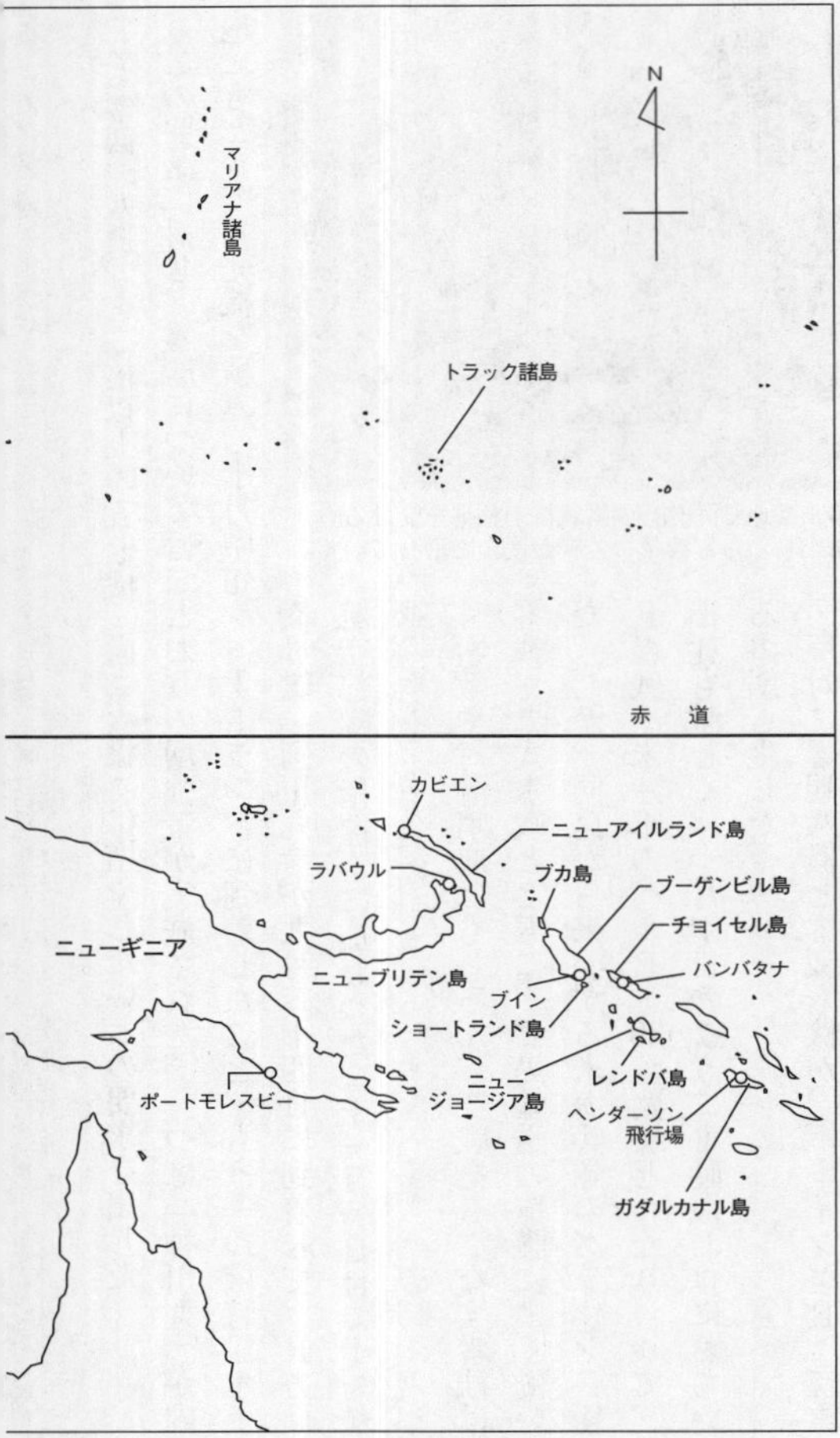

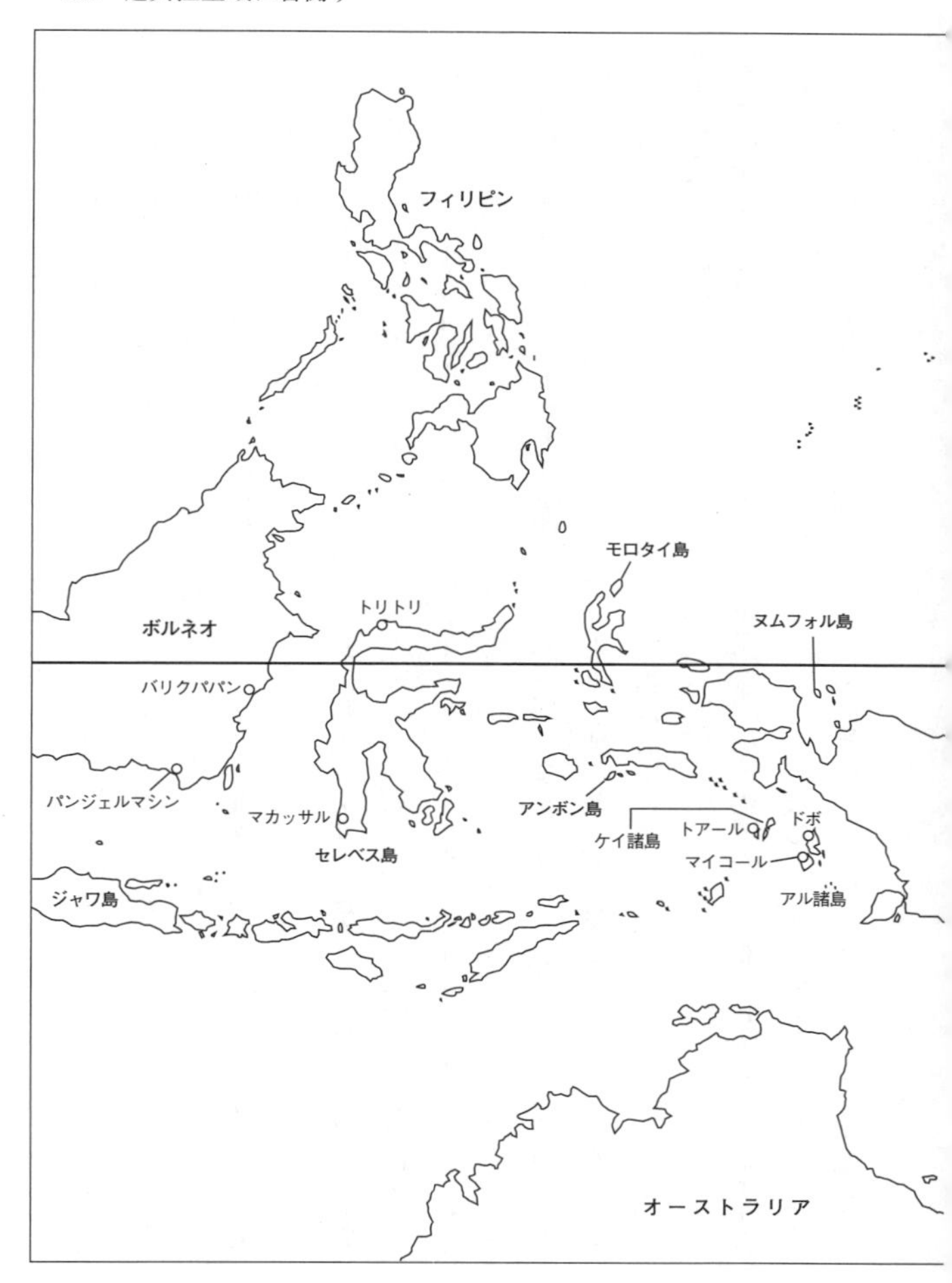
フィリピン
モロタイ島
トリトリ
ボルネオ
ヌムフォル島
バリクパパン
パンジェルマシン
マカッサル
アンボン島
ケイ諸島
トアール
ドボ
マイコール
セレベス島
ジャワ島
アル諸島
オーストラリア

ロ爆弾）を命中させて、この方面での自身の初戦果を記録した。

P－38やノースアメリカンB－25爆撃機が単機で偵察に来るのを追ったところで、零観の速度では追いつけない。「ゼロだ。逃げろ」「ピート（零観）だ、気をつけろ」――シドニー生まれで英語ペラペラの彼が聞いた敵の無線電話は、零戦と零観の差を端的に表わしている。

清水予備中尉にとっての最大の危機は、ガダルカナル撤収作戦が終わってまもない昭和十八年二月二十七日にやってきた。

中部ソロモンのコロンバンガラ島へ向かう輸送船「桐川丸」と第二十二号掃海艇を直衛していたのは、清水予備中尉、田中猛二飛曹が操縦する零観二機。午後四時、中尉は前上方にゴマ粒をまいたような敵影を見た。高度が五〇〇メートルしかない零観は、上昇しつつ接近する。

SBD「ドーントレス」艦上爆撃機一二機が一列になって降りてきたところを追撃。清水予備中尉は銃手の顔が見えるまで近づいて、垂直巴戦（ともえせん）と後上方攻撃で二機を撃墜した。両機とも燃料タンクに当たったらしく火を吐き、一機は海中に突入した。田中機も一機撃墜、一機撃破の戦果をあげた。

艦爆だけで来たのかと思っていると、上空から第13航空軍のP－38、P－39、カーチスP－40、海兵隊のF4F、合計十数機がかぶさってくる。彼は大分空で鍛えたひねりこみなどを駆使し、数分間は敵弾をかわし続けたが、多勢に無勢のうえに、敵の連係プレーはたくみで、ついにエンジンに被弾した。とたんに火が出て、眼前がまっ赤に染まる。炎をかぶらずに戦闘から離脱しようと、本能的に背面降下に入れたとき、零観は空中分解して清水予備中尉と偵察員の西山晃雄一飛曹は放り出された。

18年２月27日に清水康男予備中尉たちの零観を攻撃した第44戦闘飛行隊のP－40F(手前)。遠方は第68戦闘飛行隊の同型機。

さいわい二人とも、自動曳索の環を機内の部材にかけていたので、落下傘は開いた。そのショックで気絶からさめた予備中尉を、敵機がしつこく狙い撃つ。かなたに見える西山一飛曹をまねて死んだふりをしていると、まもなくブインからやってきた零戦隊が、敵を追い散らしてくれた。

穴だらけの機で不時着水した田中二飛曹ペアとともに、駆潜艇に救われた清水予備中尉ペアは、炎で顔を焼かれていた。

敵弾の破片で左の視神経をやられたのが分かって、内地へ帰還を命じられた予備中尉は、この戦いで「敵戦闘機と一対一の空戦なら、落とせるかどうかは分からないが、落とされはしない」と実感した。零観にとっての強敵は運動性がいいＦ４Ｆで、速いだけのP－38なら怖くない、というのが結論だった。

米戦闘機を迎え撃つ

ショートランドで「神川丸」とともに作戦した「国川丸」は、特設水上機母艦に改装された最後の船で、搭載機は全一二機とも零観だけ。「神川丸」は零水偵との併載（水戦隊は第八〇二航空隊へ編入）とされて、零観の定数は三機しかない。昭和十八年に入ってからは「神川丸」零観隊は、もっぱら「国川丸」の機を借りるかたちになった。つまり両艦の零観隊は、兄弟のような存在だった。

「国川丸」の飛行長は、日華事変で九五水偵を駆ってカーチス「ホーク」を撃墜し、飛行実験部で零観、二式水戦、「強風」水戦のテストを受け持った水上機の権威、海兵五十九期の西畑喜一郎少佐。福岡県生まれだがべらんめえ調で、キップがいい少佐のもとに、丙飛予科練四期出身の中芳光（なかよしみつ）飛長が着任してきたのは、ガダルカナルの放棄が決まった昭和十七年末～十八年初めのころである。

丙飛は甲飛や乙飛とは違って、水兵科や機関科からの搭乗員希望者が選抜されて訓練を受けるため、みな経歴が異なっている。三等航空兵で合格した中（なか）飛長は最も若年だったため、同期生にしぼり上げられたが、「いまにみろ、腕で来い」とがんばって予科練と飛練を卒業。呉空での実用機教程で零観に乗って、運動性のよさに魅了された。空戦訓練もかなり激しいレベルまでこなし、自信満々でショートランドに着任した中飛長を待っていたのは、訓練などおよびもつかない、すさまじい戦いだった。

「国川丸」零観隊は分隊長・山形頼夫大尉の空中指揮のもと、ショートランド出入りの艦船の対潜哨戒、ガダルカナル輸送隊の掩護、基地防空など、「神川丸」と同様の作戦を進めてきた。ところが昭和十八年四月十五日付で十一航戦は解隊になり、「神川丸」と「国川丸」の飛行機隊は併合されて、新編の第九三八航空隊（第八艦隊に付属）へと変わった。

九三八空の装備定数は、零観一六機と零水偵八機。司令はショートランド基地司令だった寺井邦三大佐、飛行長は「神川丸」の山田竜人少佐、飛行隊長は山形大尉の昇格で、「国川丸」飛行長の西畑少佐はラバウルに本拠を置く九五八空の飛行長に転勤した。

九三八空新編後の初仕事は、東方のチョイセル島バンバタナにある敵通信施設の爆撃で、四月十七日、十八日と連続攻撃を加えた。十八日の作戦に参加して、直撃弾により家屋二棟を破壊した中飛長は、一ヵ月半ののちの六月五日に脂汗をかかされる。

ソロモン北上に対する最大の障害、ブーゲンビル島ブイン基地を叩くべく、二月中旬以降ひさしぶりに米軍は大空襲をかける策に出た。海兵隊のF4F、F4U「コルセア」戦闘機に掩護されたSBD一八機、TBF「アベンジャー」艦攻一二機と、第13航空軍のP－40二六機、P－38六機が、ブーゲンビル上空に侵入する。

午前十時、敵を認めて発進を開始したのは、ブインの五八二空・零戦二一機とショートランドの九三八空・零観九機。第二小隊長・高木義雄少尉の三番機として出た中二飛曹（五月に進級）は、第一小隊三番機の神崎南海城（なみき）二飛曹―矢島勝雄一飛曹（操縦員―偵察員）機がたちまち落ちるのを見た。ついで自分の小隊の二番機・丹辺（にべ）基雄一飛曹―井上進吾飛長機も、あとを追うように墜落する。

永嶺（ながみね）均二飛曹を後席に乗せた中機は、ＳＢＤ三機に上方から迫って一機に激しく白煙を吐かせたが、まわりは敵機ばかりで追撃どころではない。無我夢中で撃ちまくって気づいたときには弾丸がなく、三機のＦ４Ｕに追われて逃げまわり、からくも帰投。

フロートが穴だらけで、滑水の行き脚（あし）を止めたら沈み出すほどの被弾ぶりだった。負傷で休んでいた先輩の河村一郎一飛曹から「当たったタマ数をかぞえてこい」と言われ、一六発と報告するとその数だけ殴られた。なぜ殴られるのか分からない中二飛曹に、河村一飛曹は言った。

「相手が撃ってきたとき、よけただろう。タマに向かっていけと言ったはずだ」

たしかに、敵弾を避けようとしたときに当たった記憶がある。何度も殴られてはかなわないので、次はそのとおりにやってみようと考えた。

この空戦で九三八空は撃破五機を報告（うち一機は中機の戦果で不確実撃墜と判定）、損失二機、神崎二飛曹戦死の被害を受け、零戦隊は一四機撃墜、三機未帰還を記録した。だが、実際の敵の損失はＳＢＤ、ＴＢＦ各二機にすぎなかった。

6番(60kg)爆弾を吊るして北部ソロモンの哨戒飛行を続ける九五八空の零式観測機一一型。すでに「聖川丸」飛行機隊から改称後の18年1～2月だが、旧マークのまま使っている。

悲壮な進攻

前述した「国川丸」飛行長・西畑少佐の転勤先である九五八空は、特設水上機母艦「聖川丸」(きよかわまる)の飛行機隊を昭和十七年十二月に改編してできた水上機部隊である。当初の定数は零観一六機だけのところ、十八年なかばから零水偵を付加装備（定数二四機）し、九三八空と同じく第八艦隊に所属。開隊後まもなく主力がショートランドに前進して、「神川丸」や「国川丸」の所属機と同一任務を担った。

ショートランドの九五八空・零観隊は、十八年一月十五日にP－39一機を撃墜（被弾により零観三機が空中分解）、同月二十三日には一機を不確実撃墜するなど、数次の空戦を経験ののち、四月以降ラバウルに引きあげていた。

六月三十日、中部ソロモンのレンドバ島に米軍が上陸。その支援艦船への攻撃を九三八空と合同でかけるため、飛行隊長・従二（じゅうに）重雄大尉のひきいる主力がふたたびショートランドに進出した。出撃機数は九五八空が七機、九三八空が六機で、指揮は最先任の従二大尉がとる。敵戦闘機と交戦を覚悟の昼間強襲だから、零観にかけた期待が過大であったのが分かる。もっとも零戦、九九艦爆、一式陸攻と、持てる攻撃戦力を全力投入しての作戦なので、なりふりをかまっていられないのも事実ではあるが。

零観隊は艦爆九機とともに零戦二一機の掩護のもと、最後の第三次攻撃隊に加わる手はずになっていた。だが、協同進撃の計画はくずれ、零観隊が午後三時半以降の、しんがりでの単独突入を余儀なくされた状況の変化が、零観空戦史上まれに見る損失につながる。
九五八空（第一〜第三小隊）七機と九三八空の一部（第四小隊）三機は、レンドバ島付近で艦船を爆撃ののち、同島西端のバニエタ岬上空で十数機の敵戦闘機と交戦に入り、大島竹三郎中尉―項安佐市上飛曹機以下の九五八空四機が撃墜された。
四小隊の一員に入った九三八空の中二飛曹は、田原慈眼一飛曹とペアを組み、輸送船に向けて投弾ののち、河村一飛曹の言葉どおり敵の射弾に突っこみ続けるうちに、あいついで被弾。ただし、射撃は確実なときのみにしぼったため浪費がなく、彼は零観による空戦に開眼（かいげん）を見た。

残る九三八空の一部（第五小隊）三機も、ほぼ同時に敵機の攻撃を受けつつ艦艇を爆撃し、鈴木光上飛曹―梶原勲飛曹長機をはじめ、全機が落とされてしまった（うち三名は味方に収容されて生還）。

零観隊を襲ったのは、第13航空軍に所属する第70および第44戦闘飛行隊のP－40一六機である。彼らは一機の損失で一一機を撃墜したと報じており、混戦のため戦果が過大になりがちな南東方面の空戦としては、実数の合計七機にかなり近い。その理由の一つとして、零観が一撃で撃墜されて戦果の重複する機会が少なかった、との推定が成り立つのではないか。

零観隊は半数以上を撃墜され、残る六機のうち四機もボロボロに被弾して、ショートランドに帰ってきた。中二飛曹機は五三発も食らっており、また河村一飛曹に殴られるのかと思っていたら、「よし、お前に教えることはもうない」。河村一飛曹は、こんなひどい戦いを切り抜けてきた二飛曹の腕を、被弾の数にかかわらず充分に一人前と認めたのだろう。

清水予備中尉と同様に、中二飛曹も「数さえ対等なら落とされない」と断言する。しかし、反撃力を増す一方の米軍と、対等の機数で戦える時代ではすでになくなっていた。

「数が対等で、腕と運がとてもいいなら落とされない」のが公平な目で見た結論だろう。二倍以上の敵戦闘機が待ち受けるソロモンの進攻作戦は、もはや零戦ですらこなしえず、なんでも屋の零観が運動性だけで挑戦せねばならない状況は、悲惨ですらあった。

九五八空のショートランド再進出組の一員だが、この出撃の搭乗割（とうじょうわり）（担当メンバー表）に入らなかった原田政幸二飛曹は以後、従二大尉とともに連日のように哨戒、陣地爆撃、魚雷艇攻撃、邀撃任務に参加する。乙飛予科練十一期出身の彼は、呉空で零観操縦の延長教育を受けたのち、「おそらく生きてはもどれまい」と悲愴なムードの見送りを受けて、昭和十八年一月に九五八空に赴任したが、事実そのとおりの激戦地だった。

高橋忠志二飛曹とペアを組み、ニュージョージア島やレンドバ島を六番二発で夜間爆撃。六月三十日の敗北から、ショートランドの九五八空の可動機は二～三機しかなくなり、戦闘機が待っていない夜の作戦に切り変わっていた。夜間とはいえ対空砲火は空を焦がし、投弾後に銃撃して帰ると、原田機には整備員が数えられないほどの穴があいていた。

原田二飛曹はＦ４Ｆを、変わった方法で撃墜したことがあった。船団掩護中に、雲中から降ってきた敵を見て下方へ降下、過速におとしいれて海面スレスレでかわし、海中に突入させたのだ。

作戦が夜間主体に移行したため九五八空では、その条件により合致した、航法能力と航続力が大きな零水偵にショートランドをまかせて、八月から零観隊をラバウルに引きあげ、隣接するニューアイルランド島のカビエンに派遣隊を置いた。

その八月上旬にラバウルの零観隊に着任してきたのが、宇佐空で二座偵察員の特訓を六名だけで受けた、予学十期出身の大野隆正少尉（少～大尉に付ける「予備」は七月に廃止）だ。六月三十日の空戦で、士官搭乗員が二人戦死したための補充員というわけだが、飛行隊士（飛行隊長の補佐役）と甲板士官を担当しつつ、入院中の飛行長と戦死した飛行士の事務も兼ねる忙しさである。

九月ごろ、鈴木正一一飛曹の操縦で、ラバウル上空で計器飛行の訓練に努めていると、いきなり左翼に穴があいた。頭上から来襲したP－40が下方へ抜け、さらにもう一機が降下してくる。腕がいい鈴木一飛曹は零観をすべらせてかわし、逆に二機目のP－40を追撃。命中弾を受けた敵は黒煙を吐いて墜落し、先のP－40はそのまま去っていった。

少尉は十月初めからカビエン派遣隊に加わり、五日には、対潜攻撃、十一日にはB－24との空戦を経験するが、戦果をあげるには至らなかった。

トラック壊滅す

翌十九年の二月なかば、原田一飛曹（十一月に進級）らは中部太平洋の要衝・トラック諸島の春島に九五八空へ割当ての零観を受領にやってきた。それから数日後の二月十七日、大野中尉（一月に進級）は内地への転勤のため、ラバウルから一式陸攻に便乗して、同諸島の竹島へ降りようとしていた。

乗機がしきりにバンクするのをいぶかった中尉が下方を見ると、いたるところ火の海で、船まで燃えている。竹島基地の滑走路では、着陸機を無視するように地上員が走りまわっていた。

「なんて飛行場だ！」。あきれた彼が上空に見たのは、グラマンF6F「ヘルキャット」艦戦とカーチスSB2C「ヘルダイバー」艦爆の乱舞する姿だった。

竹島に向かい合う夏島には、九〇二空の零観隊がいた。九〇二空は昭和十七年十一月に第二十一航空隊を改称した水上機部隊で、ほかに零水偵と九四水偵、二式水戦を装備し、第四艦隊司令長官の麾下航空隊として、ずっとトラックに司令部を置いていた。十九年二月なかばまでトラックは空襲を受けておらず、したがって零観隊の任務は、出入りする艦隊や船団の対潜哨戒と、周辺海域の日施哨戒が主だった。

平和そのものの九〇二空に、予学十期出身の偵察員・平野憲郎少尉が着任したのは昭和十八年九月。九五八空の大野少尉とともに二座偵察員の特訓を受けてきた彼は、入泊する戦艦「大和」「武蔵」の出迎えに飛んで感激にひたった。

ラバウルやニューギニアからみれば天国の後方基地トラックが、一気に地獄と化したのが昭和十九年二月十七日である。南東方面に続いて中部太平洋の攻略をめざす米軍は、第58任務部隊（機動部隊）によるトラック空襲を決定。この日の夜明け、五隻の正規空母から、まず第一波の戦闘機六九機を送り出す。

前夜、外出して帰隊が遅かった平野中尉（一月に進級）は、そうぞうしさで目をさました。皆が異様に浮足だっている。「こりゃいかん！」。敵襲と直感した彼が、飛行服を取りに指揮所へ走ると、すぐ前のスベリ（コンクリート製の滑走台）に並んでいるはずの零観が一機もない。

指揮所に残っていた飛行隊長・山内順之助大尉の「上がれ！」の命令で、平野中尉はあわてて飛行機をさがす。台車に乗せられた予備機が一機だけあった。

落下傘を積んでいないので、すぐ整備員に持ってこさせる。機外脱出に備えるためではない。これを置かないと、座席のへこみが深すぎて座りにくいからだ。操縦員は、いつもペアを組む大石一男一飛曹がいなかったが、篠田又五郎飛長がやってきた。

晴天のトラック諸島上空で九〇二空の零観を長機の偵察席から撮影した。主翼下に爆弾を付けていないから、編隊機動の訓練か、正月の記念飛行だろうか。18～19年の冬の画像だ。

トラックのレーダーで敵大編隊を捕捉したのは、二月十七日の午前四時半ごろ。まさか艦上機とは思わず、大型機邀撃のつもりで零戦を主力に離陸を開始。ところが現われたのはＦ６Ｆの大群で、以後一方的な負けいくさが展開される。

九〇二空の戦いは悲惨をきわめた。夏島基地では四時四十分から、川野通治中尉指揮の二式水戦八機と小滝喜之一飛曹―川上伝吉飛曹長以下の零観三機が緊急発進。水戦はＦ６Ｆ五機撃墜を報告したけれども、四名が戦死、飛行機は自爆・未帰還四機、沈没三機で、ただ一機の帰還機も再度の出撃で沈没し、結局は上がった全機を失ってしまった。零観の二機は機銃故障で引き返したが、残る高野満寿雄上飛曹―朝倉恒穂一飛曹は自爆戦死した。

すぐ北の春島にいた、九〇二空から分遣の零観五機も出動。こちらは全機撃墜されて飛行機は沈没し、江波戸安治一飛曹ら四名が戦死した。

遅れてただ一機、篠田飛長―平野中尉が離水したときには、すでにこうした空戦があらかた終わっていたようだ。たまたま周囲に敵がいなかったので無事に浮き上がったが、興奮してみさかいのない地上砲火にねらわれた。まだ機速がつかず、失速寸前の状態で少しずつ高度をかせぐ。上昇の遅さに平野中尉がイラついていると、篠田飛長が振り返った。

「飛行士、後ろに飛行機がついています!」

中尉が見ると、二機が後下方から迫ってくる。敵か味方か見分けられない。高度計は五〇〇メートルを指していた。飛長はすぐに上昇反転して不明機に反航（向き合う）する。F6Fと分かった瞬間、敵の射弾で風防ガラスが吹き飛んだ。同時に燃料タンクが火を発し、偵察席に炎が吹きこんできた。

強い風圧を感じて、気を失った平野中尉が目を覚ましたとき、落下傘にぶら下がっていた。あわただしい発進時に、無意識に自動曳索の環をかけていたため助かったのだ。弾片が入って右腕が痛く、むき出しの顔と手足は火傷におおわれていた。すぐ前を航過するF6Fや、かなたに揺れる落下傘をながめながら着水。島へ向けて泳いでいるうちに、ポンポン船に助けられた。

原住民の家で一泊して夏島の基地に帰ったら、中尉は戦死扱いになっていた。未帰還者はすべて戦死とみなすほど、九〇二空は手ひどい打撃を受けていたのだ。

操縦の篠田飛長も落下傘降下で生還でき、左足に火傷を負った程度ですんだ。しかし、平野中尉は帰隊後すぐにトラックの海軍病院へ送られたので、ふたたび彼と会う機会を得なかった。

十七日は終日の銃爆撃、翌十八日も午前中に同様の大規模空襲にみまわれて、「日本の真珠湾」と呼ばれたトラックは壊滅的な損害をこうむった。九五八空の原田一飛曹らが受領した零観も、全機燃やされてしまった。

九〇二空・零観隊を叩いたのは、空母「エセックス」からの第9戦闘飛行隊（零観五機撃墜）、「ヨークタウン」からの第5戦闘飛行隊（同一機撃墜）、「イントレピッド」からの第6戦闘飛行隊（同一機撃墜）で、合計七機撃墜の報告は九〇二空の損失と一致する。

いずれも一撃で落としたのが、重複がなかった理由だろう。

平野機の発進のさい、すでに敵主力はF６Fと分かっていたはずだ。勝てる道理のない空戦に、なぜ送り出さねばならなかったのか。自分は上がらない指揮官の飛行隊長がうろたえていたのか、それとも平穏の続いたトラックでは「戦闘機と互角にわたり合える」という〝零観神話〟が、まだ生きていたのだろうか。

「ボーファイター」と戦う

西部ニューギニア以西、インド洋にいたる南西方面はやたらに島が多く、水上機部隊にはうってつけの戦域だった。ただし、米軍が反攻の火の手をあげた南東方面とは違って、血で血を洗うような激戦の連続ではなく、開戦から二年半は比較的平穏な状態が続いた。この間、来襲する敵といえば、おもにオーストラリア空軍の小規模戦力だったからだ。

昭和十七年六月に開隊、第二十四特別根拠地隊に付属した水上機部隊・第三十六航空隊は、十一月に第九三四航空隊と改称され、ボルネオのバリクパパンからバンダ海のアンボン島に進出した。バンダ海は豪北方面と呼ばれたように、西部オーストラリアの北に位置し、当然オーストラリア空軍との交戦が予想された。

本拠地をアンボンに置いた九三四空は、すぐに派遣隊を南東のケイ諸島トアールとアル諸島ドボに作る。九三四空の戦いはドボから始まり、零観は来襲する敵機の邀撃、零水偵は敵艦隊の索敵攻撃を担当した。昭和十八年一月十一日には中山哲志少尉―佐野一飛曹の零観が、ロッキード「ハドソン」哨戒爆撃機三機と交戦して一機を撃破したが、二月三日に「ハドソン」計四機を邀撃した中山少尉は、ペアの根津文雄上飛曹とともに自爆戦死をとげた。

四月下旬、同じアル諸島に新設されたマイコール基地に移動。同時に新編入の二式水戦隊が加わって第一分隊を構成し、第二分隊の零観を合わせて邀撃力はかなりの向上を見た。こ

のあたりからオーストラリア空軍は、非力な「ハドソン」に代えて双発戦闘機ブリストル「ボーファイター」を送り出し、また米陸軍のB-24重爆が少数ながら参加し始めた。

乙飛予科練十四期を卒業、大井空で偵察員の飛練教程を終えた津村国雄二飛曹が、アンボンの司令部に着任したのは、こうした状況の五月初めで、アンボンも四月二十九日に空襲されたばかりだった。ここで二ヵ月ほど対潜哨戒を兼ねて、射撃と爆撃を訓練ののち、津村二飛曹はマイコールへ飛んだ。

速力と火力で零観にまさる豪空軍の「ボーファイター」IC型。

六月に入ってからのマイコールでは、二式水戦と零観の邀撃頻度（ひんど）が増加。たいていは九三四空有利の空戦だったけれども、十二日は「ボーファイター」一機撃墜と引きかえに、零観一機自爆、地上銃撃を受けて水戦四機と零水偵一機を失う敗北を喫した。これは奇襲を食らったためだ。

「ボーファイター」はアンボン島のレーダーを避けて、裏側から太陽を背にして高度一〇〇メートルの低空を入ってくる。しかし、ヨーロッパ戦線でも見られるように、英軍および英連邦軍の戦術はワンパターンを踏襲する傾向にある。以後のマイコール来襲も毎度同じやり方で来たので、これほどの不意打ちによる損害は二度と生じなかった。

津村二飛曹は三期先輩の小池二飛曹とペアを組み、八月五日に「ボーファイター」六機と初交戦。このときは逃げられて戦果を得なかったが、二十六日には第二分隊長・田村与志男大尉指揮の零観四機の搭乗割に入り、一機協同撃墜を記録した。

八月三十日、上空哨戒から降りて燃料を入れているところへ、「ボーファイター」六機が来襲。あわてて離水にうつった小池―津村機は、高度を数十メートルまで取ったものの、敵の二〇ミリ弾を浴びて右翼が上下ともちぎれ飛んだ。小池二飛曹は七・七ミリ弾が頭部を貫通して即死。機がひっくり返るときに、津村二飛曹は風防を破って放り出され、泳いでいるところを大発（小型舟艇）にひろわれた。川添実中尉ら二機の零観は無事に離水して追撃し、一機撃墜、一機撃破の戦果を持ってもどってきた。

全身打撲でいったんアンボンに帰った津村二飛曹が、ふたたびマイコールに出て雪辱を果たしたのは九月七日だ。川添中尉機に搭乗して、川崎進飛曹長指揮の水戦三機とともに早朝の邀撃戦を展開。二機ずつ入ってきた六機の「ボーファイター」のうち、四機は水戦隊が撃墜した。川添―津村機は単独で一機を仕留めたあと、残る一機を追撃し、固定機銃と旋回機銃で致命傷を与えて不時着させた。

「『ボーファイター』は零観で容易に落とせる」と津村二飛曹は判断した。確かに「ボーファイター」のとりえは強力な武装だけで、速度もたいしたことはなく（といっても零観より一五〇キロ／時も速い）運動性はひどく劣る。来襲機数も少なく、戦闘行動半径いっぱいの距離なので、敵搭乗員に時間的余裕がない点も、九三四空に幸いした。南東方面でむらがる単発戦闘機のなかへ突っこむのはとても無理だが、この程度の戦いならば〝準戦闘機〟として使い得た、という見方だろう。

十月以降、マイコールの邀撃戦は二式水戦と、ケイ諸島トアールに進出した二〇二空の零戦にまかせ、零観による邀撃戦は終了した。津村一飛曹（十一月に進級）の戦果は小池上飛曹との三機、川添中尉との二機の「ボーファイター」計五機で、各零観隊を通じてほとんど例がない同乗者エースの座についた。

三号爆弾を使って

南西方面の確保目的には、オーストラリアからの連合軍の北上をはばむこともあったが、まず第一に重要なのは、ボルネオ、ジャワ、スマトラなどから出る石油やゴム、ボーキサイトの入手だった。前出の九三四空の行動が南西方面東部の戦術的戦闘とするなら、これら南西方面西部（インド洋まで含めば中部になるが）の防衛は、物資確保の戦略的様相を帯びていたとも言える。

南西方面西部における米軍の第一の攻撃目標は、大規模な石油精製施設の置かれたボルネオのバリクパパンであり、石油などを日本へもたらす輸送船団であった。緒戦時に占領したこの方面は平穏だったが、昭和十八年に入ってからは敵潜水艦の活動がめだってきて、八月には米第5航空軍から分遣のB-24が、バリクパパンへの小規模な爆撃作戦を開始した。邀撃に関しては二〇二空、三三一空、三八一空の零戦や「月光」が活躍を見せたのに対し、対潜行動に従事したのが第二十二特別根拠地隊の付属飛行機隊である。そして、二十二特根の零観はバリクパパン防空戦にも加わったのだ。

昭和十八年七月一日付で新編された二十二特根飛行機隊の装備機定数は、零観一二機。予学六期出身の西脇昌治中尉が飛行機隊の長に補職され、「聖川丸」で運ばれて八月末にバリクパパンに進出した。

精油所の南端を本拠地とし、セレベス島北西のトリトリやマカッサル港外のライライ島に基地を新設して、行動半径を広め、しばしば潜水艦を撃沈した。十月に進級した西脇大尉も翌十九年一月二日に、バリクパパンの湾口で駆潜艇との協同により潜没中の潜水艦を沈め、またトリトリ基地では山内嘉雄少尉が直撃弾による轟沈に成功した。

隊員が「優雅でさっそうとした青年士官」と評する西脇大尉は、水上機母艦「瑞穂(みずほ)」の零観に乗って敵機撃墜を果たしており、またメナド上陸作戦の掩護中にP-38に落とされ、落下傘降下するなど、多様な経験から航空戦の実情をよく知っていた。バリクパパン精油所に隣接する主基地は空襲のさい危険なので、川の上流に新基地を設けたのもその一例である。

やがて、その空戦知識をフルに活用せねばならない日がやってきた。

少数機のB－24やB－25、P－38がときおり来襲する程度だったバリクパパンへ、米第5および第13航空軍が本格的な空襲を始めたのは昭和十九年九月三十日。もちろん、石油の生産と輸送をはばむのが目的だった。西部ニューギニアのヌムフォル島を離陸したB－24七二機の投弾で、精油能力は大幅に低下した。

20年の正月飛行か、第二十二特別根拠地隊・付属飛行機隊がボルネオの雲上を飛ぶ。零観は偵察、爆撃任務に移行した。

この初めての大規模空襲の邀撃は、三八一空と三三一空の零戦が担当した。このころは、ボルネオ南部のバンジェルマシンが二十二特根飛行機隊の主基地と定められていたが、率先指揮の精神でバリクパパンにとどまっていた西脇大尉は、零観での邀撃戦参加を決意する。「七・七ミリでB－24に向かっては、カエルの面に小便」と考えた彼は、空対空用の三号爆弾を使うことにした。

続く大空襲は十月三日。高度六〇〇〇メートルから、二〇〇〇メートル下方のB－24編隊に三番（三〇キロ）の三号爆弾を投下したが、敵の方が速くて命中しなかった。

そこで次回（十月十日か？）には、目標到達以前の敵に、より高空から襲いかかる戦法を選んだ。味方高角砲弾の炸裂するなかを突進して二発を投弾すると、三〇〇個ちかくの弾子（小型弾）が傘状に散って、編隊の右側二機に白煙を噴かせた。うち一機は黒煙に変わったため、大尉は撃墜・撃破各一機と報告。さいわいにも撃破のほうの機がトリトリ基地の近くに不時着して乗員がつかまり、零観による撃墜戦果は西脇機による二機のほか、もう一機の計三機だったと取り調べで分かった。

その後の空襲では、敵が占領したモロタイ島からP－38とリパブリックP－47戦闘機が付いてきたため、零観によるユニークな三号爆弾攻撃はできなくなり、二十二特根飛行機隊の空対空の戦いに終止符を打った。

ここに述べた記録は、ほんの断片を集めたものにすぎない。しかし、零観の空戦能力はまともな戦闘機にはかなり劣り、昭和十八年後半以降、敵の質と量が増強されると、ほとんど役に立たなくなった状況がうかがえよう。二式水戦ですらその存在価値を失っていたのだ。

本稿に登場する主要人物のほとんどが、十九年のうちに陸上機に転科し、一人しか二座水偵隊に残らなかったことが、〝零観・戦闘機時代〟の終焉を示す、なによりの証左と言えるだろう。

ビルマから帰った操縦者
――戦果と性格が特進を招いた

空戦の始まりはビルマで

いまはミャンマーと呼ぶビルマは、開戦前にイギリスの植民地だった。石油、金属資源を確保し、英領インドからの攻勢を止めるため、日本軍は開戦直後から押し進めた南進作戦でビルマを確保した。

インド東部への攻撃をふくめ、ビルマに関する航空作戦は、中国大陸の場合と同様に、おおむね陸軍が担当した。その任に当たったのは第三航空軍で、隷下（れいか）の第五飛行師団が持つ単座戦闘機戦力は、飛行第六十四戦隊（第七飛行団司令部に所属）と飛行第五十戦隊（第四飛行団司令部に所属）の二個部隊である。

大戦中、部隊の戦闘状況を記した本の刊行、実録風の映画「加藤隼戦闘隊」および同名の部隊歌により名を広めた六十四戦隊に比べて、五十戦隊の存在は国民に知られないままに終わった。けれども、戦果を含む活動ぶりと現地での存在感において、いささかも劣らなかったのは間違いないだろう。

第六期少年飛行兵は昭和十三年（一九三八年）四月に、東京陸軍航空学校に入校し、航空兵としての基本教育（地上教育）を受けた。彼らのうち操縦生徒は開戦九ヵ月前の十六年三月に、九五式一型練習機を使っての基本操縦教育を熊谷飛行学校で、九五式および九七式戦闘機による基本戦技教育を大刀洗（たちあらい）飛行学校で終えた。その後に既存の実戦部隊で、実際の交戦に即した隊付（たいづき）教育を九七戦で三ヵ月のあいだ受けている。

五十戦隊がまだ台湾にいた開戦前の昭和十六年七月、少飛六期出身の操縦者四名が着任し、そのうち佐々木勇伍長と清川修一伍長は第一中隊に配属された。

開戦劈頭（へきとう）のフィリピン攻撃に備えて、台中から最南端の恒春飛行場へ移動する。十二月十日にルソン島最北のアパリへの進出時に、空中接触の九七戦が墜落し、清川伍長は戦死した。

十七年が明けて早々にビルマ航空作戦を命じられた五十戦隊は、三中隊を残して一月上旬にフィリピンから台中に帰還。中旬に友邦・タイへ向かい、ナコンサワンを基地にビルマの首都ラングーン（現在はヤンゴン）の空に進入した。

新人ながら佐々木伍長も一中隊の出撃に加わり、やがて初戦果を記録する。一〇機前後の中隊と、やや少ない程度の英空軍機との混戦で、格闘戦のうちに撃墜に成功した。

敵の機種はなにか？　陸軍航空でトップクラスの数の敵機を落とした佐々木さんは、その後の数多くの空戦にまぎれてか、取材した平成六年（一九九四年）の時点では判然とした記憶がなく、「たぶん『バッファロー』では」と語った。アメリカ製のブルースター「バッファロー」は高性能機とは言いにくいが、速度、火力ともに九七戦より上だから、初めての手がらは操縦技倆の差による部分が大きい。

ナコンサワンの飛行場で佐々木勇伍長(右)がくつろぐ。後ろは飛行第五十戦隊第一中隊の九七式戦闘機。

ラングーン方面の航空戦についで、三月には首都北方のミンガラドンに進出した五十戦隊は、中部ビルマの制空および爆撃機掩護に出動をかさねる。敵対するのは、中国奥地からのＡＶＧ（米義勇軍。のちの第14航空軍）のカーチスＰ－40Ｂと、インドから来攻する英空軍のホーカー「ハリケーン」Ⅱ型。固定脚で最大速度は一〇〇キロ／時も低速のうえ、七・七ミリ機関銃二梃だけの九七戦の手にあまった。

四月なかば、フィリピン残置の三中隊をともなって戦隊は台中飛行場に帰り、機種改変のため内地に帰還。所沢飛行場で一式一型戦闘機乙型（まだ二型がないから、正式には一型の名は付かないが）を装備し、所沢と明野で未修教育（慣熟訓練）を進めた。最大速度は五〇〇キロ／時に近く、機首左側だけだが一二・七ミリ機関砲を装備した一式戦は、不充分とはいえ、なんとか英米軍戦闘機と戦える機材だった。シンガポール、スマトラ島パレンバンで三ヵ月の作戦ののち、九月初めに半年前にいたビルマ・ミンガラドン飛行場にもどってきた。以後、マグウェ北、メイクテーラと基地飛行場を北へ進め、東部インドへの進攻とラングーンなどの防空戦を続ける。

戦果をかさね地歩を確立

十八年二～三月にジャワ島スラバヤとシンガポールで、一式戦二型に機種改変。出力が百数十馬力増えて最大速度は二〇キロ／時の向上を見、火力も一二・七ミリ機関砲が二門に変わったから、いくらか威力が上向いたわけで、操縦者の評価は判然と高まった。しかし佐々木軍曹（十七年十二月に進級）の感想は異なって、「一型と二型に、それほどはっきりした差はない」と判定している。

新型機、新機種の参入は敵側の方が顕著で、英空軍には二〇ミリ機関砲四門装備の「ハリケーン」ⅡＣに加えてスーパーマリン「スピットファイア」Ｖ、米第10航空軍にロッキードＰ－38、ノースアメリカンＰ－51Ａなどが参入し、Ｐ－40はＢ型からＥ型、Ｋ型に改変された。爆撃機もブリストル「ブレニム」からノースアメリカンＢ－25、コンソリデイテッドＢ

－24へと格段に威力を増す。

こうした機材の劣勢のなかで、佐々木軍曹は腕を上げつつ出撃をかさね、ビルマ～東部インドの上空で単発機を約二〇機、多発機は一〇～一一機を撃墜した。

東部インド・パンダベスワールに駐留する第７爆撃航空群のＢ－24Ｄ重爆が、爆撃目標のラングーンへ向かって東進する。

単発は戦闘機が主体で、「ハリケーン」が多い。「スピットファイア」（機種誤認の可能性もある）や、前述の「バッファロー」も含まれている。

多発機のうち双発は「ブレニム」とＢ－25。四発が三機あって、いずれもＢ－24だった。

防御火力が大きなＢ－24への軍曹の攻撃法は、前上方からの接敵を多用した。操縦席、エンジンをねらえる対進（向き合う）攻撃で、両方の合計速度でたちまち近づくから射撃時間は短い。敵機から見た一式戦は小面積の正面形なので、敵弾を受けにくい利点がある。

つぎが背面攻撃と呼んだいわゆる直上方攻撃で、高位から対進で迫って、背面姿勢から垂直降下に入り、敵の後方へ抜ける。操作のタイミングをちょっと誤ると、ぶつかって戦死に直結する。

射撃時間を維持できるが、敵との速度差がなくてこちらも狙われやすい、危険な後上方攻撃も、なんどか経験した。

機種改変は始まっていたが、戦隊主力がまだ一型だった十八年三月二日、インド東端南部にあるチッタゴンの北に位置するフェンニイへ、払暁(ふつぎょう)銃撃をかけるため、五十戦隊一二機と六十四戦隊一八機の一式戦が九七式重爆撃機の先導で、メイクテーラの南南西にあるマグウエから夜間発進。途中を濃霧にはばまれた六十四戦隊にくらべ、後続の五十戦隊は霧の切れ間から降下して、在地機の銃撃に成功した。

チッタゴン方向へ南下する六十四戦隊は、対進の「ハリケーン」ⅡCの編隊と出くわして交戦に入る。ついで五十戦隊も参戦して、佐々木軍曹と同期の三中隊付・穴吹智(さとる)軍曹はそれぞれ一機に黒煙と火を吐かせた。

味方機は帰途についたが、敵機を追っていた佐々木軍曹は高位の六機にかかられ、被弾があいついで「今日はいよいよダメか」と諦念(ていねん)が胸中にわいた。そこへ、遅れて帰りかかった六十四戦隊飛行隊長の黒江保彦大尉が、軍曹機を捕捉しかかる敵を側方から撃って離脱させ、危急を救った。マグウエに帰還後、黒江大尉から「今日のは誰だ？　あんなこと（深追い）をしていたら、やられるぞ」と指摘され、得がたい経験になった。

この作戦に加わった佐々木軍曹と穴吹軍曹の同期の二人は、戦隊の中堅として、ともにいくども出撃。三月末のパタガ飛行場（インド東南端に隣接。地図上はビルマ領）銃撃では、もうひとりの同期・二中隊の下川幸雄軍曹を加えた三名が、いずれも「ハリケーン」を相手に撃墜を報じた。

　とりわけ佐々木、穴吹両軍曹は、他日のチッタゴン方面を攻撃の帰途、互いの機を認めたのが二回あり、どちらもそれぞれの存在感を認め合った。

　中堅から基幹操縦者へ、戦隊内の立場を高めていく少飛六期出身の彼ら三名に、「運の穴吹、腕の佐々木、度胸の下川」の枕詞（まくらことば）が付いたという。これは穴吹軍曹の回想で、手記中の文意から十八年の春〜夏ごろに生じた形容だったらしい。

　だが佐々木さんは、いままではよく知られたこの言葉を「言われたことはありません」と筆者に明言した。「二人とも殺しても死なない」とは何度か言われたそうだが。実直で話を飾らない彼の証言は、間違っていないはずだ。

といっても、在隊中の両軍曹の仲はごく良好。撃墜機数など功名争いも全然なく、戦後も長く親交を続けた。

審査部で、まずは一式戦

佐々木さんの興味深い記憶に、英米パイロットの特質がある。

ビルマ戦の初期に対戦した英空軍の「バッファロー」は、日本陸軍と変わらない格闘戦法。「ハリケーン」と、その後に現われた「スピットファイア」は、一撃離脱を主用した。「英空軍パイロットは技倆的に大したことはない」が総体的感想で、オーストラリア北部で戦った零戦隊搭乗員の回想に類似する。

これに対して米陸軍のパイロットには、「兵隊（少年飛行兵当時）のとき『あまり強くない』と教わったが、とんでもない」。日本人よりもねばりがある、と強く感じた。

こんな思いを抱きつつ、出動を続けていた十九年二月、ビルマ中部のヘホ飛行場で戦隊副官の三保木（みほぎ）中尉から航空審査部・飛行実験部への転属命令を聞かされた。まる二年間、ビルマ航空戦を闘った佐々木軍曹は、五飛師司令部が保有する九七重でサイゴンまで送ってもらい、船便を待っていたら、大日本航空のＭＣ－20輸送機に空席があって、台湾経由で羽田飛行場に到着した。

審査部の所在地は東京都下の福生(ふっさ)飛行場。新型機、新兵器の性能実験を担当する飛行実験部は、爆撃隊、攻撃隊、偵察隊などと機種ごとに分かれ、佐々木軍曹が所属するのはもちろん戦闘隊である。

満州・白城子での夕弾投下テストを終えて福生へ帰還途上の19年３月25日、平壌上空を航過していく飛行実験部の一式二型戦闘機。撮影機の主翼先端の上を飛ぶのが佐々木軍曹機だ。

戦闘隊のトップは石川正少佐。前年の八月までの一年半、五十戦隊長を務めていたから、「石川さんが私を呼んだのではないでしょうか」と佐々木さんは推測する。軍曹の確かな技倆とまじめな性格ゆえに、不確かな部分が多いテスト飛行をきちんとこなせるはず、と少佐が考えたに違いない。

腕達者がいならぶ審査部戦闘隊では、撃墜をかさねた佐々木軍曹といえども、ひとりの中堅下士官の域を出ない。まずキ四三－Ⅲ（十二月に一式三型戦闘機として制式兵器に採用）のテストを命じられた。

メタノール噴射と単排気管の導入で、少し飛んでみて「速度は文句なしに向上している」と軍曹は実感した。水平速度で五～一〇パーセント速くなっている。上昇力は五〇〇〇メートルまで五分を切るか、というあたり。二型が五分四九秒（中島データ）だから、充分な好成績だ。

飛行機そのものが軽く感じられて機動特性もよく、旋回の持続性に強いねばりがあった。

「ねばり」とは操縦者にとって歓迎の表現で、いい状態が速(すみ)やかに衰えないのを意味する。

佐々木軍曹は一式戦に関わる、もう一つの実験に加わった。三月上旬〜下旬に満州の白城(はくじょ)子(うし)で実施されたタ弾のテストで、本来は対地攻撃用の親子式爆弾が重爆攻撃に使えるかどうか、データをとるのが目的だ。

六〇キロのタ弾の外殻(がいかく)内に納められた七六発の小型弾（一発七〇〇グラム）が、空中で散って各個に爆発する。内地では危険だから、果てしなく広野が続く満州が選ばれた。投下役の一式戦二型は一〇機。指揮は、進級したての石川中佐だ。

低空飛行中の九九式双軽爆撃機の地表にうつる影を標的に、一式戦がタ弾を放つ。外殻が割れて散った小型弾の炸裂状況を、16ミリ撮影機を使ってムービーで撮るアイディアも、中佐が編み出した。これなら、標的機にも撮影機にも被害は出ない。

テスト終了後の検討会で問題点を話し合い、「改良すれば実用に供しうるのでは」が操縦者たちの判断としてまとめられた。佐々木軍曹にとっては、どこでも飛行場に使えるような満州の圧倒的な広大さが、強く印象に残った。

キ八四とキ一〇六

一式戦を担当し始めてややたったころ、四式戦闘機の名で制式兵器に採用が近い、キ八四の審査アシスタントを兼務する。戦闘隊のなかでもトップクラスの腕をもつ、少飛の先輩で温厚な田宮勝海准尉が、各種データの出し方を手ほどきしてくれ、「〇〇の性能を採ってこい」と指示を出した。

急降下や失速、着陸速度、上昇限度などの特殊な性能測定と数字の採取は、いきなりは荷重とみなされて、無理のない上昇や旋回といったふつうの飛行性能をはかった。スタート時点ではキ八四を使う実戦部隊はまだなかったが、まもなくの三月初めに航空審査部のなかで、飛行第二十二戦隊の編成がなされた。

福生飛行場で舟橋四郎少尉がキ八四に乗る。手前は双発機担当の島村三芳少尉。

審査部では一式戦、四式戦などの制式名称をあまり使わず、ヨンサン、ハチヨンなど略号（キ〇〇）の数字で呼んだ。五十戦隊のときは愛称の「はやぶさ」を常用（「一式戦」も使用）したため、佐々木軍曹は「はやて」を呼び名に使い続け、これで支障はなかったそうだ。

主にキ六一－Ⅰおよび－Ⅱに搭乗し

た、東北大で物理学を学んだエンジニア・パイロットの熊谷彬(くまがいあきら)航技中尉が、比較をかねてキ八四に乗ってみた。もう量産機の四式戦が福生飛行場にもたらされていて、このマスプロの機材と、高性能を発揮した初期の増加試作機との、各種飛行性能の差を調べるのが主目的だ。諸性能の極限を追う純粋な審査テストのような、身体を張ったきびしさはない。

高度一〇〇〇メートル以下の低空を、直線飛行して最大速度をはかる。二度、三度とやり直したが、スロットルレバーをいくら押しつけても、四四〇～四六〇キロ／時が限度だった。出来のいい増加試作機は、五〇〇キロ／時をかるく超えたのに。中高度での上昇力や旋回性能もさえない。熊谷航技中尉には量産機のエンジン出力が、劣っているように感じられた。そこで、佐々木准尉に「低空で五〇〇キロ、出ていいんじゃないかな？」と聞いてみた。熊谷航技中尉の当時の技倆はざっと、実戦部隊に配属されて三～四ヵ月の将校操縦者に等しいと思われる。ビルマでくり返し矢玉(やだま)をくぐって、あらゆる機動をこなしてきた佐々木軍曹とは、操縦に関しては役者が違った。「いや、出ますよ」。偉ぶらず答えた軍曹は、試験飛行のさいに試した数値を航技中尉に見せて、納得させたのだった。

佐々木軍曹にとって、「これが使えれば段違いに有利」と思えたのが無線機だった。ビルマにいたとき、米軍機が相互支援に多用すると知らされたが、一式戦に積んだ無線機はたいてい役に立たず、「どうせ聴(き)こえないなら（機を）軽くしよう」と整備兵に取り外してもらったときもあった。

飛行実験部ではテスト飛行に不可欠な点からも、当然どの機にも積まれていた。通話時の感度と明度は積載する機ごとに異なり、また全体に信頼性が高いとは言えなかった。飛行中、地上からの送話はあまり聴こえないけれども、空中同士ではもう少し良好で、同じ編隊内ならかなりのやり取りができたそうだ。

福生飛行場から遠からぬ立川飛行機社の構内に置かれた木製戦闘機キ一〇六。主脚カバー以外の形状は四式戦とほぼ同一。

四式戦を全面的に木製化したキ一〇六は、立川飛行機で十九年九月に試作一号機が完成した。十月には航空審査部にもたらされ、黒江少佐が審査主任を命じられた。少佐が助手に選んだのが、少尉候補者出身のベテラン・舟橋四郎少尉ともう一人、ビルマでともに戦った佐々木軍曹だ。

自重が四式戦より二五〇キロ以上重いキ一〇六を、航空ガソリンのいっそうの入手難を見こして、アルコール燃料で飛ばす算段が立てられた。二十年の春ごろだろうか。まずガソリン燃料に二〇パーセント混入して、しだいに増やし、一〇〇パーセントのアルコールまでもっていく。

アルコールを混ぜても、馬力はけっこう出た。ただ、滑油温度、気筒温度が過度に上昇したため、過負担をかけるとエンジンに異常をきたす恐れがあって、速度と上昇力の計測までには至らなかった。機体が重いから、旋回能力は四式戦にはっきり劣った。

空襲。小型機との会敵

佐々木軍曹たちがキ一〇六に取り組んでいたころの十一月一日、ボーイングB-29の写真偵察機型のF-13が関東上空に侵入し、同月下旬から爆撃が始まった。腕達者がそろい、飛行戦隊が持っていない新鋭機を備える審査部戦闘隊は、敵来襲時には福生飛行隊あるいは福生戦闘隊の名で、関東防空の第十飛行師団司令部の作戦指揮を受ける措置(そち)がなされた。

高度九〇〇〇~一万メートルの超高空を、偏西風に乗って高速航過する巨大なB-29「スーパーフォートレス」の群れ。日本戦闘機の対抗能力を超える、この難攻の敵に対して、審査部の三式戦二型や四式戦は当初から戦果を持ち帰った。

十二月に入って進級した佐々木曹長も、主として四式戦で超重爆の邀撃(ようげき)に上がったが、冬のあいだはこの機の操縦がまだ充分に手の内に入っておらず、判然たる有効弾を与えられなかった。ときには三式戦(ロクイチと呼んだ)も駆ったが、高度四五〇〇メートルあたりまでは差がなくても、五〇〇〇メートルを超えると過給機を第二速に入れたハチヨンは鞭(むち)が効いて(効果がよく表われての意)、高高度への上昇をこなしやすかった。

二十年二月、米空母を発した艦上機の大群は十六日、十七日、二十五日の三日間、関東各地を荒らしまわった。福生飛行隊も迎え撃ち、佐々木曹長はやはり四式戦で出動した。

Ｆ６Ｆ「ヘルキャット」とは会敵したが、深入りの交戦にはならず一撃をかけた程度。Ｆ４Ｕ「コルセア」に対しては、埼玉県豊岡の航空士官学校を見下ろす空域で、苦戦を味わった。二十五日のできごとのように思われる。

敵は三機。高度三〇〇〇メートルを飛んで、左右と後方に警戒の目を配っていた佐々木機に、彼にとって予想外の前上方から急迫してきた。優位のＦ４Ｕは一〇〇メートルほどの距離から一撃を加え、上昇する。これを見こして緩降下で加速した曹長の四式戦が、避弾のための旋回をうった。自機の高度は下がるのに、敵は射撃、上昇をくり返して、優位を失わない。思いがけないＦ４Ｕの強力なパワーと機動性のよさに、冷や汗が流れた。

さいわい近くに雲塊があって、中に逃れ、ころあいをみて雲上へ。敵の追尾を警戒しつつ福生へ向かった。この日は別動で出た黒江少佐も四式戦で、Ｆ４Ｕ編隊を相手に手ひどい被弾の苦戦を味わって、やっと審査部に帰っている。

硫黄島からＢ－29を掩護して四月七日に初めて来襲した、Ｐ－51Ｄ「マスタング」に対しても、日にちは不明だが見参したことがあった。

海軍の厚木基地の北方上空で、Ｐ－51二機を認めた佐々木曹長の四式戦は、南の平塚あたりまでの二十数キロを単機で追撃した。ところが、（スロットル）レバーを押しつけて全速を出しているのに、敵との間合が少しも縮まらず、ついに捕捉をあきらめるしかなかった。

状況から、Ｐ－51が単独による戦闘機掃討戦（ファイター・スウィープ）をかけてきたときで、帰還のため集合空域へ向けて飛行中だったらしく、四式戦を振り切りにかかったようだ。敵がもし侵入したばかりのときなら空戦を挑まれて、危なかったと思われる。

審査部戦闘隊の辣腕操縦者たちは、好みの機で出撃した。佐々木曹長は昼間には単機で上がるケースが多かった。しかし本土上空では、ついに対小型機の撃墜は果たす機会を得なかった。それを埋めて余りあったのが、B－29との交戦である。

白昼の確実撃墜

全B－29部隊を統べる第20航空軍司令部は、効果が上がらない戦略目標への高高度爆撃を、三月に一転させて、大都市への無差別焼夷弾空襲を低高度から大規模にくり返した。その最初は十日未明に東京になされたが、佐々木曹長は参戦していなかったらしい。

四月、南九州の航空施設への爆撃で沖縄戦に協力のかたわら、B－29は戦略爆撃にも復帰し、立ち向かった曹長の四式戦が確たる手ごたえを得た。P－51が随伴してこなかった二十四日だったと思われる。

「B－29大編隊、富士山上空を東進中」。ふだんは聴こえにくい師団司令部からの無線情報が、この日は飛行帽にはっきり伝わってきた。高度四五〇〇メートルまで上昇した四式戦から、六〇〇〇メートルを飛ぶ一五～一六機のB－29の梯団（数個の四機編隊から成る中規模集団）が見える。高度をかせぐため、曹長も機首を東へ向けて同航した。

上昇中に、Ｂ－29から日立航空機・立川製作所へ向けて爆弾が放たれた。離脱コースをとる敵が埼玉県川口の南あたりに至ったとき、ようやく七〇〇〇メートルに達した佐々木機は、前上方から対進で接敵する。ねらいは先頭右側（曹長から見て）の三番機。高度差を活かす背面攻撃をかけるのだ。

敵の巨体がたちまち照準器の反射板をはみ出す。反転し、錯誤による体当たりも覚悟して、機首を下方へ。日本機にはない大きさだから、どうしても射距離を小さくみてしまいがちだ。銃塔から急接近する曳光弾にひるまず、彼は機関砲四門を斉射する。発射弾数は三〇発ほど。左翼の内側エンジンのカウリングに炸裂した。

垂直降下で離脱し、ふたたび上昇。茨城県の百里原海軍基地の上空で、同一機に二度目の背面攻撃を加え、左翼エンジンから火を噴かせた。確実にダメージを与えた証拠に、被弾機は梯団からじりじり遅れ始めた。

離脱時に奇妙な衝撃を感じた曹長が、風防を開けて乗機をみると、降下時の過速のため、胴体左側の点検作業孔扉がちぎれ飛んでしまい、空洞ができている。これでは強度的に危なくて、三撃目はかけられない。後下方についてしばらく追い、敵高度が下がるのを確かめて帰途についた。彼の報告から、やがて洋上で落ちると審査部で判定したのち、不確実撃墜を十飛師司令部へ伝えたようだ。

昼間邀撃によるＢ－29撃墜は不確実をふくめて三機あり、ほかに撃破も三機を記録した。

出撃機はたいてい四式戦。前述のように三式戦も使っているが、戦果を得てはいない。五式戦闘機に搭乗の機会はいちどもなく、二式複座戦闘機で飛んでみたことはあっても、双発は不慣れなので戦闘には用いなかった。なによりも、夜間は別にして、たとえ護衛戦闘機はいなくても、もう二式複戦あたりの性能で闘える昼の空ではなくなりかけていた。

一式戦は三型の性能試験に加わったし、そもそもビルマでの激しい空戦に一型と二型を駆使したから、空戦高度がもっと低ければ使用は拒まなかった。だが低速で、二〇ミリ機関砲を持たず火力が乏しいから、高度差を大きくとっておけない機では痛打を与えられない。この点が、乗らなかった理由である。

夜空に巨鳥をはばむ

三月十日未明の規模をさらに拡大した、B-29五〇〇機前後による東京への夜間大空襲は、五月二十四日未明と、二十五日の夜から二十六日の未明の二回がある。

佐々木曹長の五月の勇戦は、どちらだったのか。黒江少佐の回想記では前者で、佐々木曹長の記憶では「二晩続いたあとの方」の後者になる。どちらかと言えば後者の可能性が高いと思え、ここでは主人公の記憶に従うことにする。

拡声器を震わせる出動命令を受けた黒江少佐は、「おい佐々木、上がるぞ」と声をかけた。ふたりはピスト（空中勤務者控え所）を出ると、警急用に置いてある二機の四式戦に駆け寄った。黒江機に続いて離陸し、上昇にかかる曹長の目に、東京が燃える炎が映った。

夜間戦闘は経験者にしかできない。ビルマの夜空を飛びめぐった二人には、飛行の危惧（きぐ）や手違いは無縁だ。もちろん編隊は組まず、以後は単機の行動にうつる。

視界がきかない夜間は衝突を避けがたい、とする意識は曹長にはない。ちゃんと目視できる。とりわけ下方からは、市街が焼ける火炎が無塗装のB－29の下面を染めて、その機影が夜空にきれいに浮き上がって見えるのだ。

たちまち近づく敵が、ななめ前方、やや上方に見える。陸軍で言う前側（ぜんそく）下方からの攻撃にかかり、四門斉射でエンジンとその周辺に注ぎこむ。ほんの一秒かそこらだ。相手の反撃はない。B－29が尾部以外の機銃を除去している（同士討ちを避け、爆弾積載量を増すため）のを、彼が知るはずはない。機首を下げて後下方へ飛び抜け、離脱する。すぐに旋回していまの敵を見やると、すさまじい炎を噴き流して飛んでいった。消えるとは到底思えない火の量だった。

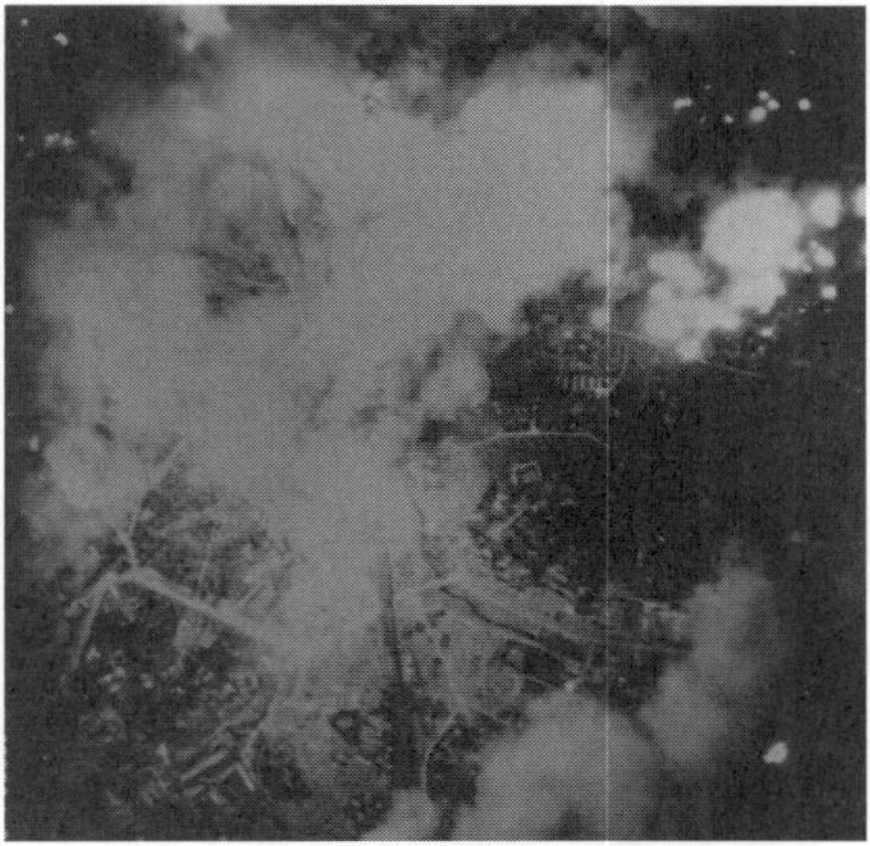

20年５月25～26日の夜、焼夷弾空襲を受けて炎上する東京市街。佐々木曹長はこの上空で邀撃を続けた。

ねらう目標に不足はない。次から次へとやってくる。二機目も東京の焰に照らされた敵で、同じく前側下方攻撃を加えた。射弾はタンクか移送管を破断して、燃料が白く太い帯をなして流出した。この手負いのB-29を見送り、まもなく三機目を捕捉する。やはり前側方からの射撃を加えて、またしても燃料をさかんに噴出させた。

残弾が少ない。帰還を決めたが機位不明だ。南下すると海岸線が見え、相模湾と見当がついた。機首を返して飛行するうちに、地表に建物や木々がないエリアを見つけた。灯火は点いていない。「こりゃ飛行場だな」と即断し、滑走路を見分けて巧みに着陸。

すぐにやってきた整備兵に場所を聞くと「調布飛行場であります」の返事だ。戦隊本部へ連れて行ってもらい、官、姓名、所属を申告ののち、電話を借りて自分で審査部にかけた。交換手が戦闘隊へ回してくれ、福生に帰着していた黒江少佐（この夜、二機撃墜、一機不確実撃墜）が報告を聞いて、「よし、今日はそこで休んで、朝帰ってこい」とうれしそうに指示を与えた。

審査部では佐々木曹長の戦果を、撃墜一機（一機目）、不確実撃墜二機（二機目と三機目）と判定した。妥当なところだろう。

彼の対B-29合計戦果は撃墜六機、撃破三機。審査部内でトップクラスの顕著な戦績に、七月十五日付での武功徽章（たいてい武功章と略称する）の授与が決まり、上部組織の航空本部への呼び出しがかかった。武功徽章は十九年十二月に制定された、立場と階級を問わず抜群の戦功をなした者に与えるバッジである。問題なく受けられるだけの戦功に加え、邀撃戦の苛烈さを知る黒江少佐が、強く推挙したように感じられる。

東京・三宅坂にあった航空本部は、下士官だけでは中に入れない規則だ。戦闘隊でいっしょに四式戦のテストをやっている明朗な舟橋中尉（二十年三月に進級）が、すぐに引き受けて付いていてくれた。

武功徽章の授与が特別進級につながる場合は多くないが、少しして審査部本部長の緒方辰義中将に呼ばれ、「准尉の服装で将校集会所に来い」と命じられた。准尉をふくむ将校用と下士兵（下士官・兵）用の服装は、仕立てがまったく違う。無論持っていないので、准尉の一人に服を借り、軍刀は所有のもの（曹長から佩用する）を下げていった。

佐々木曹長は将校集会所で、准尉に任じられた。准尉進級は少飛五期までだ。少飛六期出身者五五〇名（操縦、技術、通信の合計）のうちでは、彼がただ一名の生存の准尉特進である。そのまま集会所で、上官ばかりがいならぶ昼の会食に加わった。このときの律儀な彼の心境は、容易に察せられよう。

そのころの起居は、同期の川上忠曹長たちと同室だった。ビルマで六十四戦隊付だった川上曹長は、明野教導飛行師団に転属して一式戦で邀撃に参加したのち、四月に審査部戦闘隊にやってきた。同じ空域で戦った、まったく遠慮のない間がらの、これ以上はない〝同居人〟だ。特進で上級者に任じられても、同期生から敬礼されるような堅苦しさはない。

准尉になれば、審査部の周辺に家なり部屋なりを借りて住める。

「川上、今日から営外（営外居住。審査部エリア外での寝起き）だ。追い出されるよ」

「（いい待遇を受けて）なにを言ってやがる」

自分は一年おそく来て、鈍重な双発のキ一〇二（いちまるに）をやらされているのに、ハチヨンで飛べる立場をうらやましく感じているが、同期生の特進は誇らしかった。

結局、独身でもあったので、とりあえずは学鷲（特別操縦見習士官）出身の少尉との同室で、まもなく個室をもらった。ただし、将校団は少尉以上が本来の参加資格なので入らず、食事も下士官集会所でとった。

特進から一ヵ月のち、敗戦を告げる天皇の放送を、戦闘隊の格納庫の中でならんで聴いた。これまでの努力とおびただしい犠牲を裏切る、予想外の結果を迎えたが、七年四ヵ月の陸軍勤務に悔いは残らなかった。

眞崎大尉が飛んだ空
——陸軍リーダーパイロットの一典型

誤記述が尾を引いて

敗戦から七十年余がすぎた。戦いに身を投じた人々は、最若年でも九十歳に手が届きかける。人数の減少、記憶の劣化は、もはや覆（おお）いようがない。

戦史記述にとって証言者の急減は、文献資料への依頼度の大幅な増加に直結する。それが同時に、知らぬまに誤りの溝に落ちてしまう恐れを増加させるのだ。

そうした類（たぐい）の一つは作家が書いた半実話だ。史実どおりの戦局のなかに実在の人物が登場し、あとがきに関係者の名が並んでいたりするから、読者はどれも事実と思いこまされてしまう。

小説家は執筆の基盤が創作にあるがゆえに、無意識に脚色、潤色（じゅんしょく）をほどこし、想像さらには虚偽を混ぜこんで、話を劇的な方向へ塗りなおす。善悪、良否の問題ではない。それが彼らの本質であり、習性なのだから、事実だけを綴ってくれるよう望んでも無理なのだ。読者に誤解を植え付けないために、小説家の近代史ものは「小説」と銘打って刊行してほしいと切実に願う。

だが、作者の素性を知る努力さえ怠らなければ、この陥穽には嵌らないですむ。問題なのは、体験者が書いた回想記、軍や役所が製作した文書に事実との相違がある場合だ。

私的な回想記に、記憶違いが少なくないのは常識だろう。公的な書類、刊行物にも間違いはあり、私は「東部ニューギニアで戦死」とされていた元操縦者に会ったし、通常攻撃での戦死が特攻だった（その逆もあった）誤処置の確定に加わり、常識化した兵器開発説明の誤りを担当技術者から聞かされたりもした。

機器材についてなら、たとえ飛行機を戦車と誤記されても放置しておく。ゆるがせにできないのは、人への謂れなきマイナス描写である。けれども、あからさまな記述ミスはもとより、見すごしがちな思い違いであっても、大半の証言者の逝去によって、確たる指摘、訂正はいまや不可能に近い。

深刻な影響を残さないレベルとはいえ文献の誤謬の一例を、記された当人の活動をつづりながらお知らせし、実情を理解いただきたいと思う。

三七年前、昭和五十四年（一九七九年）の初夏のある日。飛行第四十七戦隊の整備将校だった刈谷正意さんから教えられて、中隊長を務めた眞崎康郎さんに取材申し込みの電話をかけた。

私の依頼説明に、予想外の言葉が返ってきた。「ちかごろ記憶に自信がない。間違えて答えるとまずいから、勘弁して下さい」

第五十四期航空士官候補生（いわゆる航士五十四期）の出身者は、このころ五十九～六十歳。いまの筆者より若く、老けこんで朦朧とする年齢ではない。気難しい性格なのか、それともタイミングが悪かったのか、と想像したが、あきらめるほかなかった。刈谷さんに結果を伝えたら「おかしいな。そんな人じゃあないんだが」と納得が行かないようすだった。

翌年の四月なかば、どうしても尋ねたい疑問点が出て、ふたたび電話連絡をさせてもらった。面倒な内容ではないので、眞崎さんは明快に答えてくれた。ほがらかな感じにつられ、もう一件を問う。同様にスムーズに回答を得られたため、だめもとで、あらためてインタビューを依頼してみた。ちょっと間を置いて「いいですよ」の返事があった。

面談した場所は、自衛隊退官後の勤務先の応接室。自著一冊きりの駆け出しの私に、眞崎さんの応対はていねいで、すぐに打ち解けることができた。

早からず遅からずの落ち着いた語り口、過不足のない明解な説明に、理想的な被取材者とすら感じられた。記憶に障害があろうはずがない。去年の取材却下について、聞かずもがなの質問を口にした。

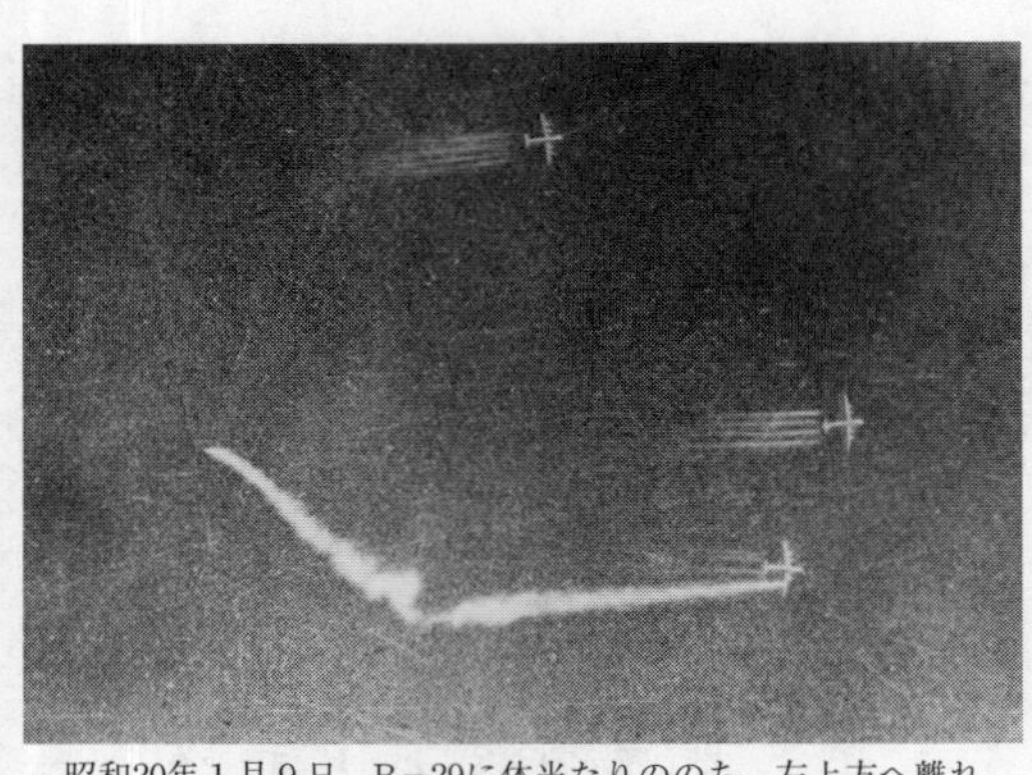

昭和20年１月９日、Ｂ－29に体当たりののち、左上方へ離れていく幸萬壽美軍曹機。しばしば掲載される写真だが、この状況についての元戦隊長の記述が、意外な方向へ波及した。

「ああ、あれは」と眞崎さんは笑みを浮かべ、「戦隊長の奥田さんが書いた手記に、私が出てきます。しかし、その出来事をまったく覚えていないので、記憶が鈍ったのかと思ってお断わりしたんです」

昭和二十年（一九四五年）一月九日、四十七戦隊・震天隊の幸萬壽美軍曹は、高高度でボーイングＢ－29に体当たり攻撃を加え、生命と引き換えに敵のエンジンをもぎ取った。深手を負ったＢ－29に対し、『眞崎大尉の小隊は、僚友の仇とばかり、この敵を千葉県神代村にたたき落とした』と書いた回想記を、元戦隊長・奥田暢氏は複数の出版物に掲載していた。私も読んで、内容を知っている。

眞崎さんは「このとき自分は、戦隊にいなかったはずなのに」と、思い出を語り始めた。

ビルマ方面で作戦していた独立飛行第四十七中隊が、ノースアメリカンB－25のいわゆる「ドーリットル空襲」のあおりを受けて、内地に呼びもどされたのは昭和十七年五月初め。その月末に眞崎康郎中尉は、部隊がいる千葉県柏飛行場に着任した。

それまで教官を務めていた三重県の明野飛行学校で、独飛四十七中隊へ行くために二式戦闘機「鍾馗」の未修飛行を実施。九七式戦闘機、一式戦闘機「隼」とはまったく異なる旋回性に驚かされる。スロットルをしぼるとすぐ失速に入りかける高翼面荷重の特性から、着陸が難しく、このころは五〇〇～六〇〇時間の飛行経験がないと乗せてもらえない機材だった。

隊長の神保進大尉は肝が太く、小さなことにはこだわらない典型的な戦闘機乗り。独飛四十七在隊時にマレー、ビルマの英軍機と戦った二式戦を、自在に操ってみせた。もともと筋がいい、つまり素質がある眞崎中尉も、操縦感覚を手の内に入れて「二式戦の技倆なら負けんぞ」の自信を持つに至る。

眞崎さんは「二単」（二式単座戦闘機の略称）や「キ四四」でなく、「二式戦」と呼んだ。それがこの制式兵器の正しい略称だが、使う人は多くない。彼の端正な性格（といって堅物ではない）を表わしている気がする。

二式複座戦闘機「屠龍」を持つ飛行第五戦隊と、柏飛行場で同居していた独飛四十七は、十八年三月に東京府下（七月に都制を導入）の調布飛行場へ移る。ここにも、上部組織の第十七飛行団司令部と、同司令部に直属的な独立飛行第十七中隊、同様に十七飛団隷下の飛行第二百四十四戦隊がいた。同戦隊が九七戦から三式戦闘機「飛燕」へ改変する四ヵ月ほど前で、独飛四十七の二式戦は差がきわだった。

高速着陸を要する二式戦には〝危険な機〟のイメージがつきまとい、若年者や九七戦／一式戦部隊から転属後まもない者には、すぐの搭乗は重荷とみなす対応が続いていた。しかし、それでは戦力を維持できないから、なんとか速成教育を考えるしかない。

そこで眞崎中尉や、ベテランで発案に秀でた粟村尊准尉らが案出した方法は、戦技教育（海軍で言う実用機教程）を終えてきた飛行経験一五〇時間の未熟者を、まず二式戦に乗せて地上滑走をやらせる。機をつぶす覚悟でエンジンを噴かさせて、ハ一〇九の爆音、滑走感覚、操縦席からの視界を味わわせる。この手で二式戦になれさせると、続く場周旋回をすんなりこなす、思いがけない事態が生じた。

これで飛行二〇〇時間の若輩を、二式戦で訓練する目算が立った。彼らの訓練を昼間に実施し、中堅以上はキャリアが少ない順に、夜明け前の未明、夕暮れから夜にかけての前半夜、そして夜中に飛ぶ。未明の難度が相対的に低いのは、空中で待っていれば明るくなるからだ。

十八年八月上旬、進級直後の神保少佐は航空審査部・飛行実験部へ転出し、後任隊長に貴島俊男大尉が着任。十月三日付で独飛四十七は飛行第四十七戦隊に改編され、十七飛団司令部付だった下山登中佐が戦隊長に任命された。

三式戦で東部ニューギニア戦を戦った下山中佐は、このとき四十歳。一八年間の飛行歴を持つ超ベテランで、技倆に優れ、すぐに二式戦に乗って、つねに訓練の指揮をとった。「油断のならない飛行機」が中佐のこの機への評価である。

四十七戦隊は二個中隊編制で、第一中隊に独飛中隊長だった貴島大尉、第二中隊長には眞崎中尉が任命された。中尉にとって下山戦隊長は、航空士官学校で候補生当時の中隊長だったから、落ち着いた人格と卓抜な腕前はよく分かっていた。

調布飛行場で二式二型戦闘機甲型への搭乗のさい、整備将校に答礼する飛行第四十七戦隊長・下山登中佐。腕ききだった。

二中隊には粟村准尉と整備小隊長の刈谷正意少尉がいた。粟村准尉は操縦が達者なうえに、速度や航法の計算盤の創作、対大型機距離判定セット、夜間訓練用の飛行場模型などを案出するアイディアマン。刈谷少尉は試作当時から二式戦を扱って知りつくした、技倆抜群のメカニックで、整備の効率を追求するリーダーだ。「二人がいてくれて、ずいぶん助かりました」と眞崎さんは語ってくれた。

調布飛行場には前述のように、二百四十四戦隊と独飛十七中隊が先に使っていたため、手狭は否めない。かねて東京郊外の農地に建設している成増飛行場への〝転居〟が決まり、とりあえずの応急策で、二中隊だけが埼玉県の所沢飛行場へ臨時移動した。

二中隊は飛行場の東地区を借り受けた。所沢にいた一ヵ月ほどのあいだに、整備の刈谷少尉は忘れがたいシーンに出くわす。

見なれない単発機が、滑走路に降りてきた。降着してまもなく少尉は、がっしりした体格の操縦者がマレー以来仕(つか)えた神保少佐だと知った。はっきりした知識はないけれども、「あれはフォッケウルフ（と呼んだ）だろう。神保さん、見せに来たんだな」と直感した。

刈谷少尉の勘は当たった。ドイツから潜水艦でもたらされたＦｗ190Ａ－５は航空審査部・飛行実験部の保有機で、部員の神保少佐が審査飛行の途中に立ち寄ったのだ。少尉は機側に駆けつけて、珍しい再会を喜ぶあいさつを機から降りた少佐と交わし、Ｆｗ190についていくつかの質問に答えてもらった。

すぐに眞崎中隊長もやってきた。少佐と中尉が話し合っているあいだ、刈谷少尉は操縦席の中を点検し、計器や装備品の配置が変に技巧をこらさずストレートなのに感じ入った。

やがて二人の操縦将校は話し終わって、神保少佐が機内にもどり、Ｆｗ190は飛び立っていった。この機の特徴の一つである、エンジンの前方に置かれた強制冷却ファンの金属音は、刈谷少尉の耳に残らなかった。キ六七（四式重爆撃機「飛龍」）強冷ファンは、鋭い音を発したのだが。

神保少佐が所沢に着陸したのは、独飛四十七で技倆を認めた眞崎中尉に、ドイツの第一線機を説明するためだったと思われる。Ｂｆ109ほど速度一点張りではなく、降下性能に秀でたＦｗ190は、二式戦と比較しやすいからだ。

高空の敵に苦しむ

成増飛行場は十八年十二月のうちに付属施設も完成して、まず所沢の二中隊が移動し、続いて戦隊本部と一中隊が調布から移ってきた。翌十九年一月に三個中隊編制に変わったが、空中戦力を一体化する飛行隊編制を導入。とはいえそれは建て前で、四十七戦隊では日向隊（のち旭隊に変更）、富士隊、桜隊に三分して、中隊に準じた隊ごとの独立性維持を継続した。

第三中隊長にあたる桜隊の長として、眞崎中尉と同じ航士五十四期の波多野貞一中尉が一月に着任。貴島少佐が三月に進級、転出したため、七月にやはり同期の清水淳大尉（重爆から転科。五十四期は十九年三月に進級）が着任するまで、旭隊長を下山戦隊長が兼務（実務は陸士五十五期の富士隊・松崎真一中尉が代行担当）した。

第十七飛団司令部も十九年三月、より多くの部隊を指揮できるよう、第十飛行師団司令部に改編、拡充された。十飛師司令部が想定する主敵は、空母から放たれる艦上機だが、対重爆撃機への警戒もないわけではなかった。

富士隊へと変わった二中隊を率いる眞崎中尉は、主眼を対爆戦闘に置いて訓練を進めてき

19年10月、成増飛行場で二式戦二型乙と富士隊将校たち。左から松崎眞一中尉、隊長・眞崎康郎大尉、刈谷正意中尉、伊藤孝雄中尉。垂直尾翼の戦隊マークは赤で二中隊機を示す。

た。六月十六日未明に大陸・成都から超重爆B－29が北九州へ初来攻して、以後は錬磨にいっそうの拍車がかかる。

　前上方と前下方からの対進攻撃を主用し、速度差がなく防御機銃に狙われやすい後方からの接敵は厳禁した。前方攻撃のほかに、陸軍航空では例が少ない直上方攻撃の演練も実施。海軍流と同じで、背面から逆落としにかかり、高度差一〇〇〇メートルのあたりで垂直降下の態勢になって、直下へ射撃する。

　十～十一月に北九州に来たB－29の高度が八〇〇〇～九〇〇〇メートルだったため、千葉県の下志津飛行学校（六月に教導飛行師団に改編）から百式司令部偵察機を出してもらって、高高度高速飛行時の攻撃法を研究した。

　下山中佐は十月に航空士官学校へ転属し、後任戦隊長に大阪の二百四十六戦隊から奥田暢少佐が着任した。少佐は下山中佐より士官学校が九期後輩と若く、空中指揮を本来とする戦闘隊のリーダーとしては体力面で好適に思えるが、結局はほとんどの指揮を戦隊本部でとる。

それからまもない十一月一日の午後一時すぎ、B－29写真偵察機型のF－13Aがサイパン島から関東上空に侵入。十飛師の当直戦隊だった四十七戦隊は、ただちに全力発進に移り、眞崎大尉も成増飛行場を飛び立った。大尉の二式戦は計器高度九五〇〇メートルまで上がるのがやっとで、F－13は一万メートル以上の高空を去っていった。

その後も単機で飛来するF－13を落とせないため、飛行師団長心得（中将でないため）の吉田喜八郎少将は、機関砲や防弾鋼板をはずした軽量化機で高空へ上がっての、体当たり攻撃を下命。四十七戦隊では空中勤務者を集めて「熱望」「希望」「希望せず」を記入させ、「熱望」者のなかから諸事情を勘案ののち、奥田戦隊長によって四名が決められた。富士隊から選ばれたのは十九歳の見田義雄伍長だった。

空対空の特攻隊員は乗機を少しでも軽くしようと、ひまを見つけては不要な部品やビスをはずしに努めた。滅入りかねない彼らの気分をほぐそうと、眞崎大尉はラケットを用意し、テニスに興じさせた。それでも見田伍長は操縦席に入っているときが多かった。

東京初空襲は十一月二十四日の正午すぎ。爆撃目標をめざすB－29群の捕捉は、単機自由行動のF－13ほどではなかったが、八〇〇〇～一万メートルの高度とジェットストリームに乗った高速ゆえに、日本戦闘機が総力をあげても困難で、失われた超重爆は二機だけだった。うち一機は見田伍長機の体当たりによって銚子沖に墜落（敵の視認による）し、伍長も僚機の眼前で戦死をとげた。

邀撃戦から帰った眞崎大尉は、彼の未帰還を知って「見田は操縦がうまかった。演習（訓練）では一機も壊さなかった。今回の戦闘で初めて乗機を失ったんだ」と独りごちた。

この言葉を聞いたのは、初空襲後すぐ八機に倍増された特攻機の小隊長を命じられた伴了三少尉。伴さんにとっての眞崎大尉は「自信を持っている人。明朗闊達で人柄がいい。第一級の戦闘機乗りで、よく教えてもらいました」。

B-29との交戦後に転属

「眞崎さんは戦隊の中隊長のなかで、操縦技術がいちばん」。洞察力にたけた整備将校・刈谷さんの証言だ。航士五十七期出身で、若いが敏腕だった大石正三さん（戦後、ロッキードF-104J生産機の三菱側テストパイロット）は「眞崎隊長は名人。飛行機をよく知っていた」と語った。

このためだろう、四十七戦隊の装備機材を四式戦闘機「疾風」に改変するにあたり、眞崎大尉が戦隊長命令で航空審査部・飛行実験部へ、新機材を覚える未修訓練を受けに出向いた。十一月中旬と思われる。四式戦の審査主任はかねて薫陶を受けた神保少佐だから、遠慮は不要で、直接の教示を受けてすぐに飛行にかかった。

四式戦は水平速度が速くて、緩降下時の加速性に優れるが、二式戦の敏感さを気に入る大尉には、戦闘機らしい軽快さに欠けると感じられた。数日で成増にもどり、主要人員に伝習教育を始めたら、二十四日にB－29の空襲が始まったのだ。

ほかに、敵編隊に対する空中散布式五〇キロ（実重量は六〇キロ）タ弾の攻撃訓練も、まず眞崎大尉が展示投下を行なった。海上に布板を浮かべ標的にしたが、戦果よりも地上に与える被害が多いと見なされて、四十七戦隊ではこの親子爆弾を使用しない措置が決まった。

眞崎大尉が桜隊から借りてタ弾の投下実験に使った二式戦二型乙。整備兵がハ一〇九エンジンを点検中。戦隊マークは黄。

十一月二十七日の来襲は天候不良、二十九／三十日は夜間空襲でともに上がれなかった。次の十二月三日、富士山上空から強風とともに東進するB－29を、二式戦で追う。初空襲のときよりは敵高度がいくらか低く、邀撃側も高高度空戦になじんできた。

東京上空で第一撃を加えた眞崎大尉は、「思いきって」高速のジェットストリームに乗り、乗機を流されながら、銚子の手前で同一機をふたたび捕捉、第二撃に成功した。眞崎さんは自身の戦果を語ってくれない。「四十七戦隊の撃墜破は協同がほとんど。

前上方、前下方攻撃は効果がありました」。

このあとまもなく(五日付?)、常陸(ひたち)教導飛行師団へ転属の辞令が出て、新人の訓練を担当していた同期の大森敏秀大尉にあとを任せた。したがって翌二十年一月九日の邀撃戦のおり、四十七戦隊の出撃機のなかには確実に大尉の姿はなかった。

昭和四十八年(一九七三年)に刊行の『B29対陸軍戦闘隊』で、共著者の一人だった奥田さんは「一月九日、(中略)幸軍曹は(中略)体当たりを敢行した。(中略)富士隊長・眞崎大尉の小隊は、(中略)この敵を千葉県神代村にたたき落した」と書き、巻頭には成増飛行場から新聞社員が撮った、激突直後の上空写真(二一〇ページ)が掲載されている。

幸軍曹は特攻隊が八機に増やされたとき、メンバーに加わった。かつての戦隊長が実名を記したのだから、眞崎小隊の行動も事実と読者は思いこむだろう。この部分を引用した本や記事も見受けられ、整備の刈谷さんも手記で踏襲したため、現在では定説化され受け継がれているようだ。

常陸教飛師の主務はもともと高高度戦闘と夜間戦闘の研究(遠距離戦闘機も調査対象にされたが有名無実)だから、現状の対B-29戦闘に合致する。四式戦の未修を終えた眞崎大尉と、五式戦闘機の未修をすませて、同じく十二月上旬に転属の小松豊久大尉(二百四十四戦隊一中隊長から)。技倆卓抜(たくばつ)な二人の同期生に期待されたのは、今後の主力である両機の訓練指導にあたる幹部の役目と、実戦組織の次期指揮官候補者だったと思われる。

教える、運ぶ、比較する

常陸教飛師内の実戦用組織・常陸飛行部隊で眞崎大尉がすぐに手がけたのは、フィリピン決戦で出撃が続く特攻隊要員の訓練。付属の水戸飛行場で、航士五十七期、特操一期の下級将校操縦者に一式戦での離着陸とかんたんな航法、それに敵艦に突入する要点を覚えさせる内容で、本来なら必須であるべき空戦教育はあらためて施さず、必要項目を教えると順に隊を編成して送り出した。

特攻隊が向かうルソン島では、阪神防空の二百四十六戦隊が進出して機材を損耗したため、二式戦一六機の空輸班が十二月十三日に、水戸東飛行場からクラークへ向けて出発した。四機ずつの四個編隊に分けられ、眞崎大尉はしんがりの第四編隊長を務めて、輸送指揮官と第一編隊長を同期の浅田一佳男(ひかお)大尉が担当。状況不明の飛行場に降りるさい、不整地なら引き込み式の尾輪柱を折りかねないので、固定の処置がなされた。

航続距離が短い二式戦ゆえ、浜松と新田原で燃料を補給し、沖縄・中飛行場（嘉手納）で一泊。ところが天候不良に出くわして、連日の降雨で待機が続く。十八日にはようやく雨が上がって、台湾・屏東(へいとう)へ向けての離陸後、浅田大尉は羅針儀(コンパス)の故障か消息を絶ち、第二編隊長の鶴田茂大尉は久米島に不時着して重傷、僚機の少尉たちにも犠牲が出た。

眞崎大尉らはクラークに着いて数を減らした二式戦をわたしたが、日本軍の兵站(へいたん)能力の実情を思わせる空輪になった。帰途は輸送機あるいは重爆への便乗である。眞崎大尉にとって外地での飛行は、この一回だけだった。

特攻の隊長要員を訓練していた十二月〜二十年一月のころ、以前から親しかった眞崎大尉と小松大尉が、主力機材化しつつある四式戦と、おそらく飛行実験部から持ちこまれた新鋭・五式戦に交互に乗って、性能比較を試みた。ともに他機種からの転科ではない生粋の戦闘分科、前の所属部隊でも二人の技倆への評価は高かった。そのうえ小松大尉は、二百四十四戦隊がまだ九七戦装備だったとき、同じ調布飛行場にいた四十七戦隊から二式戦四機を借りて、その指揮をとったから、速度重視の重戦闘機のなんたるかを熟知していて、なお好都合だ。

眞崎大尉の判定は、「突っこみは四式戦が速いが、上昇に移ると五式戦がずっと上。低位戦（相手が高空。こちらが不利）でも、一〜三回の上昇で五式戦が高位に立つ。高位戦（相手が低空）なら何度でも攻撃をかけられる。格闘戦（海軍で言う巴戦）に入っても五式戦だ。着陸もずっと楽で、総じて断然五式戦がいい」であった。

対する小松大尉の論評。「四式戦は操舵が重くて扱いにくいし、上昇力もよくない。五式戦は諸性能のバランスがとれており、運動性も上々。乗らなかった二式複戦は別にして、陸軍の単座戦闘機中で、もっとも優れていると実感した」

本来の戦闘機操縦者たちが、どれほど五式戦を気に入ったかが歴然とする。飛行機を性能表の比較や、装備エンジンの能力データで見るのとは違って、戦闘機の機動になじんだ彼らの体感が好判断、高評点をうながすのだろう。

B－29の来攻とともに、常陸教飛師は教育から防空戦へと主任務をうつす。内部組織の常陸飛行部隊は年末から二十年初めにかけて、内容をより実戦向きの二個教導飛行隊に再編。

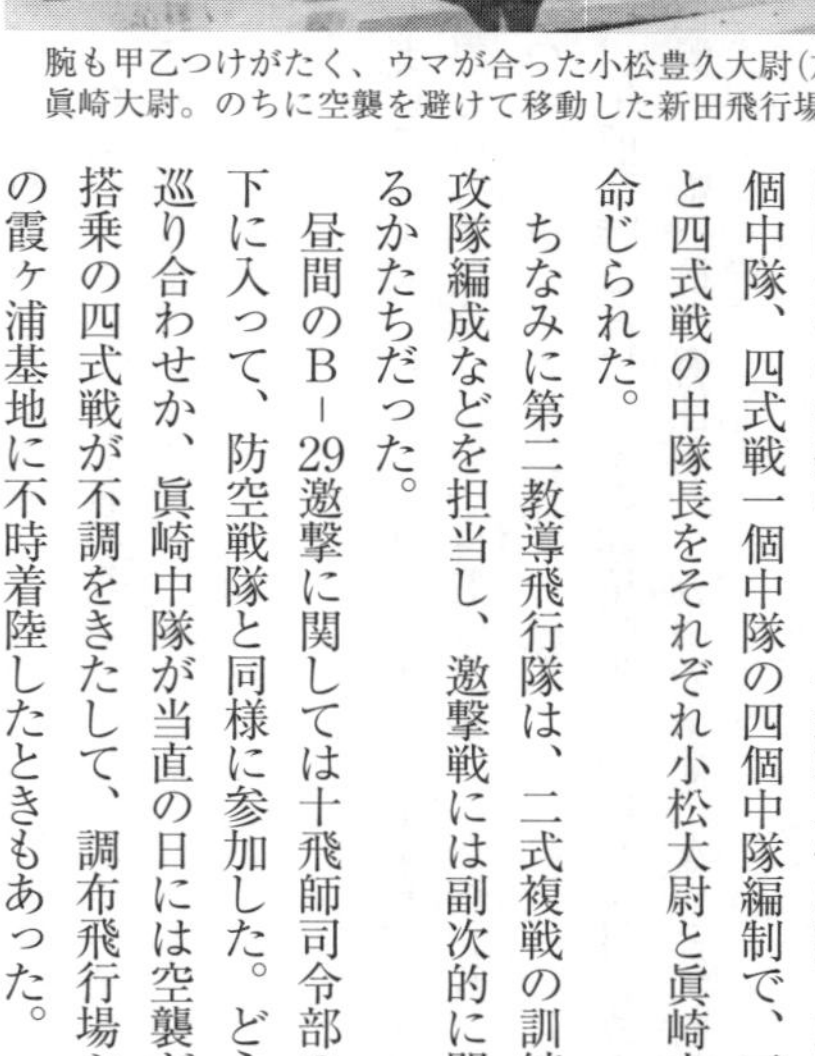

腕も甲乙つけがたく、ウマが合った小松豊久大尉(左)と眞崎大尉。のちに空襲を避けて移動した新田飛行場で。

主力の第一教導飛行隊は檮原秀見(ゆすはらひでみ)中佐、ついで牟田(むた)弘国少佐の指揮のもと、一式戦二個中隊、三式戦一個中隊、四式戦一個中隊の四個中隊編制で、三式戦と四式戦の中隊長をそれぞれ小松大尉と眞崎大尉が命じられた。

ちなみに第二教導飛行隊は、二式複戦の訓練、特攻隊編成などを担当し、邀撃戦には副次的に関与するかたちだった。

昼間のB－29邀撃に関しては十飛師司令部の指揮下に入って、防空戦隊と同様に参加した。どうした巡り合わせか、眞崎中隊が当直の日には空襲があり、搭乗の四式戦が不調をきたして、調布飛行場や海軍の霞ヶ浦基地に不時着陸したときもあった。

戦闘隊としての攻撃法の錬磨はもちろんのこと、本来なら昼間は高射砲との、夜間は照空灯(サーチライト)との協同訓練が欠かせない。中尉、少尉の若い将校操縦者たちをもっと錬成したかったが、燃料不足からどれも最低限に抑えざるを得なかった。

F6Fの射弾を浴びた!

B－29だけを相手にしていた内地上空の戦いは、昭和二十年二月十六日の朝に一変する。東京の南東二〇〇キロの洋上に出現した第58任務部隊の空母群は、黎明(れいめい)の空へF6F「ヘルキャット」が主体の搭載機群を放つ。まず第一手の戦闘機掃討戦(ファイター・スウィープ)だ。

那珂湊(なかみなと)の下宿にいた眞崎大尉は、午前三時ごろに二度の非情呼集を受けた。外はまだ真っ暗だ。聞かされた敵機動部隊の位置と、艦上機の習性から、夜中の来襲はないと判断して、そのまま宿舎に留まっていた。

あわてても対応のしようがない。ラジオの報道を聴きながら早めの朝食をとっていると、将校の下宿を巡るいつもの迎えのバスが到着した。午前七時半、水戸東飛行場の近くに来たバスの窓から、臨戦態勢の対空機関砲が見える。同時に眞崎大尉の目に、F6F多数機が迫って格納庫に向かってロケット弾を放つのが映(うつ)った。

バスは急停止。敵襲の光景に驚いた運転手は、あたふたと逃げ出してしまった。これらのF6Fは第一波だから、パイロットは心理的にも余裕がなく、銃撃を反復せずに引きあげにかかる。敵機の動きを見た大尉は兵舎の教官室に駆けこんで、飛行服に着替えるとピスト（空中勤務者控え所）をめざした。

飛行場のあちこちで戦闘機が燃えている。高杉景自（けいじ）大尉が指揮する一式戦中隊の警急四機は、敵機侵入の第一報が入るとすぐに発進していたが、大半の主力は出遅れたのだ。飛行場で負傷した操縦者が、担架に載せられ運ばれていく。

飛行機も操縦者も選んでいる余裕はない。眞崎大尉はてきぱきと指示を出して、四式戦と一式戦の混合で一一～一二機をそろえ編組（へんそ）（組み合わせ）を整えた。これを注視していた師団長・古谷（ふるや）健三少将は「上がれ、上がれっ」と連呼したが、第一教導飛行隊長の牟田少佐は「上がるな！」と止めた。

操縦者出身の古谷少将はむちゃを言う人物ではないが、実戦から離れていたため、単純に反撃の意思を表わしたのだろう。対する牟田少佐は実戦部隊の指揮歴が長く、苦戦も経験していて、状況から多勢に無勢、出動しても利は皆目あらずと見たに違いない。

水戸東飛行場での四式戦闘機。手前が眞崎大尉の固有機（63号機）で、２月16日のＦ６Ｆ編隊との交戦によって失われた。

眞崎大尉の立場なら、空戦に向かうのが責任をはたす行動だ。始動した固有乗機の四式戦六十三号機に乗りこんで、殺気立つ飛行場から離陸した。やがて、ほかの機も上がってきて空中集合。大尉の僚機に、航士五十七期の森川義雄少尉が搭乗する四式戦がついた。あとの機はみな一式戦である。

南下して霞ヶ浦の上空に来た。下方をＦ６Ｆ編隊が飛んでいる。追随する一式戦が寄せ集めで、いつもの部下たちでないのが心もとないが、態勢は有利だ。降下して、まず第一撃。森川少尉はちゃんとついてきたのに、ほかは連携を保てずバラけてしまった。

二撃目をかけようと上昇する眞崎機が、後上方から射弾を浴びた。彼が襲った敵編隊の二〇〇〇メートル上空にやや距離を置いて、上空直掩の六機が待っていた。本土や沖縄戦で日本戦闘機がさんざんやられた、Ｆ６Ｆの常套（じょうとう）手段だ。

このとき森川機は撃墜されて、少尉は戦死した。眞崎機の被弾箇所はエンジン。プロペラが止まったが、雲が多い日で、その中に突っこんだら追撃してこなかった。負傷はない。雲から出ると利根川が見えた。うまく滑空し流れの中に不時着したら、付近の住民がやってきて脱出を手伝ってくれた。

市議会議員の案内で町長の家に招かれた眞崎大尉を、国防婦人会の人々が昼食の炊き出しでもてなした。最寄（もよ）り駅の成田線・安食（あじき）まで利根川べりを、国民学校（尋常小学校）の生徒たちが振る日の丸の旗に送られて歩く。敵弾で穴を穿（うが）たれた落下傘バッグを抱えて那珂湊の下宿に帰ったら、大尉は行方不明と伝えられていた。

もはや実戦部隊

翌日の来攻に備えて、常陸教飛師は戦力を栃木県北部の那須野飛行場へ後退させ、一部戦力だけが交戦した。十六日の損害は軽くなく、空地両勤務者を合わせて戦死五〇名を数えた。乗機を失った眞崎大尉は、十七日には出動しなかった。

海岸線に近い飛行場のもろさを思い知らされ、ややたって常用飛行場を、水戸東から那須野の東方の金丸原に移した。金丸原にいた三月ごろ、大陸で捕獲したP－51C「マスタング」との空戦訓練を命じられた眞崎大尉は、二式戦で明野へ出向いた。

P－51は飛行実験部が持っていて、主要飛行場を巡回し、性能や戦闘法を防空部隊に教えるのだ。二式戦だと速度差は覆えないが、空域が限られるからなんとか互角に近いのでは、と感じたが、防護面や安全性が段違いだ。

搭乗をうながされて操縦席に座る。説明役は米軍パイロットから教えを受けた光本悦治准尉。眞崎大尉にとって速度計がマイル表示なのが、いささか心細い。すると責任者の黒江保彦少佐がやってきて、声高にどなった。

「なにをモタモタしているんだ？　毛唐の飛行機に乗れないことがあるもんか！」

もちろん眞崎大尉に操縦できないはずはない。速度も運動性も文句なし。上昇時にラジエーター・フラップが開いて速度が落ちるマイナスを感じただけで、突っこみはきくし、なにより操作が易しく万人向きだ。飛行後に黒い油もれがべったりの日本機とは違って、排気管の周りをハタキではたくだけ。大尉はほれぼれする半面で、「戦争は負けだ」と衝撃的に感じた。

第一教導飛行隊の邀撃戦は続いていた。首都圏の市街地を襲う大規模空襲、周辺都市や工場をねらった中・小規模爆撃のB−29に対し数回出撃し、昼間防空にも参加した。機材の充足は困難で、燃料もあいかわらず不足気味だったが。

金丸原飛行場の実働戦力は四月下旬になって、群馬県太田の西に位置する新田飛行場へ再移動した。師団司令部も水戸から大間々（新田の北方）に移って、もはや「常陸」（茨城県の旧称）とは名ばかりである。

かつて初代の教導飛行隊長だった檮原中佐が、最末期のフィリピン戦線からもどって常陸教飛師に再着任。第一教導飛行隊の戦力を再編し、五式戦四機の本部小隊と四個中隊からなる編制をとった。中隊は四式戦一個中隊、一式戦三個中隊で、眞崎大尉が四式戦の第一中隊をひきいる。第二〜第四中隊の一式戦は五式戦に改変の予定だった。

一個中隊は、一個小隊四機の四個小隊・一六機のほかに、予備機が付く。四個中隊は飛行戦隊を上まわる規模で、隊員の応募によって「天誅戦隊」と自称の部隊名が付いた。天誅とは米軍に天罰を下す意味だ。別称を新田飛行部隊といった。

20年６月25日、特攻隊の直掩訓練のため、新田飛行場から出動する天誅戦隊・第一中隊の四式戦。先頭の762号機に中隊長・眞崎大尉が乗っている。

硫黄島から飛来するＰ－51Ｄの急襲をおそれて、機材を周辺の林間にかくし、木立の擬装に念を入れたため、地上銃撃による被害は出なかった。一式戦中隊への五式戦の導入を進め、錬成しつつ、小出しにＢ－29、戦闘機を迎え撃った。

特攻隊を掩護（えんご）する訓練は、課せられた項目の一つだった。敵機動部隊への払暁（ふつぎょう）（夜明けどき）の特攻攻撃を想定した演習で、新田飛行場から夜間発進したところ、ひどいモヤにぶつかって、視界に入るのはすぐ前方の機だけ。それでも目標の浜松まで（直距離で二三〇キロ）飛行して夜明けを迎え、そのまま帰ってきた。この飛行難度はかなり高いレベルと言っていい。

眞崎さんは「七月の初めごろ」と記憶するが、九日だったかも知れない。機動部隊の接近で、特攻掩護の出撃命令が出た。特攻隊の上方に、一中隊～四中隊が重層で警戒する陣形だ。黎明（れいめい）の体当たりだが、夜間戦闘機はもとより、レーダーの指示を受けた通常のＦ６Ｆが待ち受けているだろう。機動部隊攻撃は未帰還の可能性が最も高い。

戦死を覚悟した眞崎大尉は、寝不足のミス対策に、睡眠薬を飲んで寝た。目が覚めたら豪雨だ。午前三時に飛行場に来てみたが、しばらく待っても降りやまなかった。重くて、トラブルを生じやすい四式戦ではとても無理だ。一式戦だけでの掩護（えんご）が決まったが、肝心の特攻機が出られないため出動は中止された。

天誅戦隊の中隊長としては、これが最後の作戦（未遂）だった。常陸教飛師は七月十八日付で廃止になり、完全な実戦部隊の飛行第百十二戦隊と、教育組織の教導飛行師団・第二教導飛行隊に分けられて、眞崎大尉は後者への配属が決まったからだ。

部隊改編のすぐあと、一式戦装備の飛行第五十四戦隊が四式戦に機種改変するため、同機に乗って札幌・丘珠飛行場へ向かう。本来なら中隊長で、常陸飛行部隊でも部下だった鶴田大尉が行くところを、所用ができたため、司令部付の眞崎大尉が引き受けた。丘珠では各中隊から選抜者を集めて未修教育を行ない、八月五日ごろに帰還した。

敗戦まで一〇日間を残すだけだった。

眞崎大尉は与えられた空を充分に飛んだ。彼の戦闘機操縦者のキャリアをつづると、激務が続いたのに、静穏（せいおん）な気配すら漂ってしまう。手柄を語らない人となり、落ち着いた口調に、著者が聞きほれたからではなかろうか。

あとがき

意識して選ぶわけではないが、短篇にはどうしても戦闘機とそのパイロットを取り上げがちだ。

戦闘機は人気があって、自身の関心も強いから取材の蓄積は多い。なにより飛行機同士の戦い、落とすか落とされるかが主な任務だから、きわどい場面、ドラマチックなエピソードを随所に記述できる。

この八冊目の短篇集を、そうした理由を念頭に置いて作ったのは、七冊目の前作が機種のバラエティに比較的に富んでいたため、つぎの文庫は対照的な内容でまとめようと考えたからだ。九つの短篇のうち、八篇は戦闘機が機材面の主役だが、一篇だけは異なる。しかし、その観測機も戦闘機と同様に、敵機を撃墜するのが主要任務の一つだから、同傾向と見なしても違和感は少ないだろう。

どの短篇にも追いつ追われつの、撃墜をめざす機動空戦が展開される。好位置につこうと性能をふりしぼり、機銃の発射装置を押す。射弾を受け火煙を曳いて墜落する敵機。敵弾が当たって身体を痛めるパイロット。相手が戦闘機、攻撃機、重爆撃機のいずれでも、空戦の帰結にはこうした結果がつきまとう。

空の戦いは、飛行機およびパイロットの強弱、それによる戦果と損失の増減だけには止まらない。空戦の勝利がもたらす戦域での航空優勢→続いて制空権の獲得と島嶼の奪取→さらに広範な陸・海・空域の確保→ついには敵の中枢の占領へとつながる。すなわち戦勝を得るために積み重ねる必須単位なのだ。戦闘機で言えば、撃墜がこれに該当する。

反対に、防御の観点から述べてみよう。昼夜を分かたず来攻する爆撃機を邀撃し、敵の補充能力以上の機数を撃墜し続ければ、兵力を維持しきれず、やがて空襲は止まる。それまで目標の施設や都市が耐えきれればだが。敵が侵攻を進めて、より近距離から強力な護衛戦闘機を付けてくると、制圧阻止は困難化し、防空に破綻をきたす。対抗策としては、敵の基地をつぶすか、より強力な戦闘機を用いて撃墜の維持、増大をめざす。

撃墜は航空戦の基本的命題の一つである。九篇に含まれた、航空戦が生み出す撃墜のメッセージを、的確に読み取っていただければ、戦闘機の有用性と適宜の用法が判然とするのではないか。

〔最強の防空部隊・三〇二空〕
掲載誌＝「丸」一九八七年（昭和六十二年）九月号
第三〇二航空隊の長い通史を書き始める四ヵ月前、戦記雑誌の依頼を受けて、開隊までの経緯と戦死者の状況という、短い二篇の原稿を書いた。蓄えた資料が山のようにあって、記述枚数の少なさに困ったほどだ。
敗戦直後の抗戦で名を知られるこの防空部隊の、主要な立場にあった人々が記した手記には、A級と称しうる資料がそれなりにあったが、部隊史的にまとめた本や記事のどれもが、資料に使いがたい低レベルな内容だった。この状況を見かねて、長篇通史の執筆準備を始めたのだ。
いささか軽めながら大作業のウォーミングアップを兼ねて、多くのことがらを省くのに苦労しつつ、二篇を書いた。それでも当時の読者には未見の内容が多かったはずだ。
四年後、文庫短篇集に加えるため、二篇を組み合わせて、より読み応えのある短篇に改編した。そのさい新原稿を加えず、〝接合部〟をなめらかに変えた程度であり、戦死搭乗員の状況説明で、夜間邀撃の戦闘例が示してなかったから、戦史的には尻切れトンボのイメージを覆(おお)えなかった。
それから四半世紀、このたびNF文庫に再録するにあたり、不備なこの部分に二項をあらたに足して、全体を整えた。これでバランスがとれたため、三〇二空の概要をより正確に把握できると思う。

一読後、特異なこの部隊の全貌を知りたいと思われたなら、ぜひ長篇の「首都防衛三〇二空」を読んでいただきたい。これ以上の通史はもう出ないはずだから。

〔伝説の赤松分隊士〕

掲載誌＝「航空ファン」二〇一三年（平成二十五年）十一月号

日本海軍の戦闘機乗りのうち、凄腕と奇行で名を成したのが赤松貞明中尉だ。操縦技倆については、すでに日華事変当時に戦闘機隊のなかでずいぶん知られていて、開戦後もさらに名声を高めたけれども、特に存在感がきわだったのが三〇二空で勤務した一年半だ。それまでの知名度に実績が加わって、赤松少尉（昭和二十年三月から中尉）の存在そのものが強烈なインパクトを放ったと言えるだろう。

准士官当時の進級の停滞で、階級は本来より二ランク下だったが、分隊長以下の誰もが、技倆への敬意と存在感に威圧されての緊張をもって対応した。隊内で赤松少尉をどなれる力を持つのは、実質的に小園司令だけだったのではないか。

操縦の難度が高い「雷電」を自在にあやつり、強敵F6F「ヘルキャット」、高性能のP-51「マスタング」も撃墜する。強い戦意を示す者を高く評価し、効果的な飛行法や独自の戦闘法を遠慮なく教えた。無理な空戦は厳禁だ。たいていの搭乗員は腕に自負心をいだき、またそれなくしては苛烈な戦闘を戦えないのだが、赤松分隊士に対しては誰もが初めから恐縮した。

　実際の彼は、どんな人物だったのか。個人的回想に登場する場面では端的な扱いだし、憶測で書かれた人物評などはイメージにすぎない。

　第一飛行隊、とりわけ「雷電」分隊にいた人に取材するたび、「赤松さんはどんな人でしたか?」とたずねた。その〝集大成〟がこの短編だ。いまの日本でいちばん正確な赤松少尉／中尉のスケッチだと思っている。

〔零式小型水偵から「雷電」へ〕
掲載誌＝「航空ファン」二〇一四年（平成二十六年）三月号
敗戦一ヵ月前に三〇二空の「雷電」第二分隊長・伊藤進大尉は、ものになる可能性が低いロケット戦闘機「秋水」を装備するはずの、第三一二航空隊へ転勤する。二分隊長の後任者は、部隊で技倆トップの赤松中尉だ。
「雷電」での対戦闘機戦は不利と見て、伊藤大尉はＦ６Ｆ、Ｐ－51との戦いを避けた。これを弱腰と取って、山田飛行長に追い出させたのは赤松中尉だ。その判断は分からなくもないが、積極的に応戦した場合のリスクは文中に書いたとおりだ。この対応に、水偵乗りと戦闘機乗りのそれぞれにしみこんだ体質の差を、強く感じてしまう。

勝手を言わせてもらえば伊藤大尉は、偏向的な性能と用法の「雷電」よりも、万人向きの性能でフレキシブルに運用可能な零戦の指揮官が、適していたと思う。操縦もだが、水上機から「雷電」指揮に至る隔たりは、あまりに大きすぎたのだ。

「伝説の赤松分隊士」でパッとしない表現をならべた伊藤大尉の存在価値を、改め得る方向からのアプローチを試みた次第。

〔無敵伝説へのプロローグ〕

掲載誌＝「航空情報」一九八七年（昭和六十二年）二月号

やがて零戦の長篇を刊行しようと、ゆっくり地道に綴っていた三〇年前、ちょっとした事情から、エッセンスを抜き出してダイジェスト的にまとめた、世に名高い昭和十五年九月十三日の初空戦。

それまで、当時の新聞記事などをベースにした、あやふやな内容の説明しか発表されていなかった。空戦参加搭乗員三名（今回、一名を加えた）の談話と、未発表の当日の戦闘詳報を織りこんだ私の記事は、実はこの分野での一大特報だったのだが、めだちにくい短篇ゆえに読者を驚かすところまで行かなかったのではないか。

執筆の一年前、昭和六十年十二月に面談したおり、指揮官だった新藤三郎さんの言葉は脳裡に残った。

「これまで誰にも戦争体験をくわしく語ったことはない。語らぬままにするつもりだったが、作家の阿川弘之さんに説かれて趣旨を曲げることにしました。だから、こんなかたちの取材を受けるのは、あなたが最初ですよ」

確かにそれまで進藤さんの回想としては、ハワイ攻撃に参加した搭乗員たちへのアンケートとして、雑誌に掲載された短文を読んだ記憶があるだけだ。

冒頭の「長篇」の前半が刊行されたのは、面談からなんと一五年ののち。いちばんにお目にかけたかった進藤さんは、献本が届く一ヵ月ちかく前に静かに息を引きとられたと夫人からうかがって、筆の遅さを嘆かずにはいられなかった。

〔ラバウル上空の完全勝利〕

初出＝「大空の攻防戦」一九九二年（平成四年）三月刊、朝日ソノラマ

日本軍が使った外地の航空基地／飛行場で、いちばん有名なのはラバウルだろう。敗戦から七〇年以上がすぎた今でもなお、子供をのぞく老若男女の一〇人に一人は、いわくは覚えずともこの地名を聞き知っているのではないか。カラオケルームの曲目に、「ラバウル小唄」か「ラバウル航空隊」が入っているわけだし。

逆に、航空戦の知識がある人にとっては、この南の果ての基地で昭和十九年二月まで、まる二年間も海軍航空隊が大規模に戦い続けたのは、ちょっと意外な感じがするのではないか。

ラバウル放棄まであと一ヵ月というとき、あたかも緒戦時の威力差を思わせるような、零戦の勝ち戦が基地上空でくり広げられた。そうしたまれな空戦を、文献をかき集めて、なるべく正確に再現してみたのがこの短篇である。単に戦闘経過を追うだけでなく、報告事項や数字に表われない内面的なものへの推定も、いくらか加えてみた。

〔最後の切り札・剣部隊〕

掲載誌＝「丸」一九八六年（昭和六十一年）六月号

海軍の戦闘機部隊、いや全航空部隊のうちで、最もよく知られているのが第三四三航空隊である、と断言してもあまり異論は上がるまい。関係者の手記、第三者の手になる単行本や記事があまた刊行され、映画や長篇漫画も作られた。

①軍令部で名をはせた源田実大佐が司令を務め、②強力な新鋭機「紫電改」を装備し、③優秀な搭乗員をそろえて、④劣勢の戦争末期に米軍機をやっつけた、というのが高名の要因だ。三〇年前、既存の三四三空ものが、みなこれら四点を称えていた。

待てよ、本当か？　と一石を初めて投じた記事が、この一篇だったのではなかろうか。右へならえの賛辞と思いこみを取り除いて、関係者の回想、公式文献、米側資料を検討して小文をまとめた。搭乗員一〇名への直接取材で知ったことがらも加えてある。

米側から見た三四三空の状況を書いた本が、何年か前にアメリカで出版され、和訳本も出た。同書の著者とは三十何年か前にわが家で話し合い、その後に彼の別の本の翻訳監修を担当して、人となりや記述レベルも理解している。

彼の著作もチェックして、できれば遠からぬうちに自分流の真説・三四三空を、あまり長くない一篇にまとめ上げてみたいものだ。

〔過負担空域に苦闘す〕

掲載誌＝「航空情報」一九八五年（昭和六十年）十月号

ある種の島国根性ゆえか、日本人とイギリス人は戦後ながらく、自国製の飛行機を高く評価したがる傾向が強かった。

零戦の兄貴分の九六式艦上戦闘機や、一式戦闘機の兄貴分の九七式戦闘機が、グラマンF4FやカーチスP－40と戦って、勝てると思う飛行機ファンはまずいないだろう。零観はこの両機よりも、ひとまわり以上も飛行性能が劣るから、たいていは勝負にならないのだが不思議にも、零戦でも苦しい米戦闘機と戦ってしばしば撃墜した、と戦記雑誌、航空雑誌にくり返し紹介されてきた。

その勝因は優れた運動性にあるそうだが、旋回時間を加味した真の格闘戦能力は、九六艦戦、九七戦の方が上なのだ。なによりも、零観がF4FやP－40、ロッキードP－38とソロモン方面で対戦したころには、敵は格闘戦に入ってこず、七・七ミリ機銃弾などはね返す耐弾装備を付けていた。

零観による真の戦闘機撃墜例は皆無ではないが、ごく少数だ。しかし本務は観測、偵察にあるのだから、その戦績は不名誉ではない。そして、この機は大戦の全期間を通じて、額面以上に活動したと言える。

著者を含めた零観ファンのために、例外的に大物を仕留めた戦いを付記しておく。短篇中の、トラック諸島・夏島に本隊を置く第九〇二航空隊が米艦上機に襲われる、半年あまり前の時期だ。

南東へ三〇〇キロのモートロック諸島に、九〇二空が三機の派遣隊を出したのは昭和十八年七月初め。六日の朝、零観を哨戒に出そうとするとき、大型機の爆音が聞こえてきた。本隊から連絡派遣の九七式飛行艇かと思ったら、「コンソリ」と呼んだB-24D重爆撃機が単機で来襲したのだ。

爆撃から逃れる意味もあり、かなわないまでも全三機を発進させる。接近し銃撃をかけるB-24に対し、離水中の零観が旋回機銃で応戦すると、パイロットに当たったのか、重爆はそのまま航過して珊瑚礁の浅瀬に墜落した。

整備指揮官の榎本哲予備中尉らが、墜落現場に駆けつける。敵クルーに生存者はなかった。運搬用の機械などないので、プロペラ一本だけを回収し、零観に積んでトラックの基地に持ち帰った。これを四～五センチ幅に輪切り（？）した記念の文鎮が、戦後も長く榎本家に残された。

〔ビルマから帰った操縦者〕

掲載誌＝「航空ファン」二〇一六年（平成二十八年）三月号
航空審査部・飛行実験部に所属したころの経験を聞きたくて、平山（旧姓は佐々木）勇さんに連絡したのは平成六年十一月だ。

少年飛行兵で同期の穴吹智氏が自著に「運の穴吹、腕の佐々木」と書いている。そうでしたか、とたずねたら、すぐに否定された。もういちど聞いても、同じだった。ほめ言葉なんだから、事実なら打ち消す必要はない。なにより実直そのものの平山さんが、意識的に事実を曲げるとは思いがたい。

書いた本人が筆を滑らすこの手の作文には、ときおりお目にかかった。きっぱり否定した平山さんの回想こそ、ノートにとる価値が大きいと決めこんで、実戦部隊に着任して以後の経験を語ってもらった。手紙で追加の質問を送ったさいにも、折り目正しい返信が届いた。

佐々木曹長の実直と敏腕は、まさに飛行実験部にぴったりだ。転属後の勤務期間はさほど長くはないのに、ベテランぞろいの操縦者たちのあいだで、確実に地歩を築いて准尉に特進。

正統派陸軍パイロットの一典型を、彼に見た次第。

〔眞崎大尉が飛んだ空〕

掲載誌＝「航空ファン」二〇一五年（平成二十七年）十一月号

三五年あまり前のころ。航空関係者への取材を続けるうちに、自分とウマが合う出身期があるのを感じ始めた。

陸軍なら少年飛行兵や操縦学生のうち、第〇〇期の人に会って、こちらの質問に合致する充実した戦歴を教わり、満足する。何人かをへて、ふたたび〇〇期出身者に話してもらうと、これがまた手ごたえ充分だった。結局、〇〇期のたとえば六名全員から信頼され、いい談話を聴けた、という成果を得られる。

陸軍航空をリードする航空士官候補生出身者。その五十四期生がこうしたパターンに該当した。敗戦時に最古参の大尉で実績充分な、操縦と整備の二〇名から回想を語ってもらい、得がたい取材ができた。飛行第四十七戦隊で中隊の指揮をとった、眞崎康郎さんがそのうちの一人だ。

出鼻はくじかれたが、昭和五十五年四月に自宅と勤務先を訪問。ときには並んで小用を足しながら会話し、遠慮のない質問をさせてもらった。眞崎さんは戦時中の体験手記を残さなかったから、このとき会う機会を逸していたら、元戦隊長の誤記述がいつまでも資料として残ったに違いない。

ときおり書いてみる、思い出の短文。今回も末尾に付加させていただく。

《写真を頼んで頼まれて》

版型が小さな文庫でも、できるだけ写真を入れたいのが私の方針だ。文字だけの表現がかえって想像の深みと余韻（よいん）、さらには格調をもたらす作用は、分からないではないけれども、まだ歴史にはなりきらない第二次世界大戦の実録は、より正確な理解をもたらすために、写真を添えるにしくはない、と考える。

主な記述対象が一九三〇～四五年の飛行機と航空戦なので、カメラをかついで現用機を追いかけはしない。当事者あるいは関係者が保有する戦時のアルバムから、掲載の可能性があるものを複写させてもらうのが、私の写真との付き合いだ。したがって、被写体を求める緊張感、シャッターを押す刹那（せつな）的興奮とは縁がない。当然モノクロばかりで、カラーネガも必要としない。

それでも、長く続けてきた自分流の写真との付き合いのなかで、忘れがたい思い出は少なくない。多くは所有者、すなわち軍航空の関係者との接点にあり、またアルバム自体についての記憶、想念も豊富である。

だがここでは、私が出したモノクロのネガフィルムを、印画紙に焼き付けてくれた写真店の担当者の、忘れがたい人となりを記してみたい。「ネガフィルムって、なんだ?」と言われ出した現状に直面し、がっくりしている自分に、活を入れるために。

●長かったお付き合い

四年半ほど勤めた雑誌社を辞めたのは一九七八年の夏だから、もう四〇年ちかく前だ。書きたいテーマが一つあって、年末からぼちぼち取材を始めた。処女作が出たのは翌年の秋。編集者だったころは勤務会社の契約写真店でDPEの処理を頼んでいたが、フリーの身、自分でどこかに頼まなければならない。あのころは駅の周りにたいてい写真店があった。自宅の最寄り駅の店へネガを出したら、DPEは専門店に任せるのだそうで、試しに出したのがうまい仕上がりだったため、「これで大丈夫」と喜んだ。

五日〜一週間が多かった取材旅行に出て、訪問先で複写したり、アルバムを借りてきたりで、撮ったフィルムがたまる。それを自宅から随時、自転車で写真店へ運ぶのだ。

あるとき手違いから、翌日の朝の新幹線でアルバムを遠方へ返しにいく必要が生じた。複写写真の仕上がりは明日の午後。自分の複写ネガは預けっぱなしでいいとして、いっしょにわたしてある三式戦闘機が主体のオリジナルネガ一〇コマほどを、引き上げて持って行かねばならない。

店に出向いた私の切羽（せっぱ）詰まった顔を見て、店主は親切に外注先を教えてくれた。今後は直接取引をするだろう、もう自分の店には来ない、と分かっていたはずなのに。

ＤＰＥを受け持つ店は歩いて十数分、繁華街から離れた道路わきにあった。古い作りで、店内も相応に古風だ。奥から出てきた四十歳ほどの野中彰さんが、ここの経営者だった。静かな物腰で対応し「戦争中のネガは預かっています」と告げて、私の話を聞くと「夜までに仕上げましょう」と言ってくれた。

いったん帰宅し、夕食をすませてふたたび出向くと、オリジナルネガからと複写ネガからの、両方の写真がすべてそろっていた。このときから三〇年にわたる付き合いが始まった。翌日、借りた品々を携えて新幹線に乗車できたのはもちろんだ。

カラープリントの中継もやっていて、ラボから届いた写真の仕上がりが納得できないと、スナップなのに「そりゃ、やり直しさせますよ」というのには、ちょっと驚いた。客に料金を払わせる以上、自分が決めた水準に達したものしかわたせないのは、確かに理屈が通っているが、おいそれと真似はできまい。

肝心の飛行機がやや暗く、細部を見にくいパターンがときおりあるのに引っかかっていた。頼み出して何年かたったころ「ネガを見ると、もう少し写っているんですが」と切り出した。そうすると全体のコントラストが弱まります、と野中さんは言う。いや、こちらは風景や雲など二の次、三の次。とにかく飛行機がきれいに出るのが、私にとっての第一条件なのだ。

「分かりました。主要なお客の一人が山岳写真を撮る人なので、山膚（やまはだ）や雲の焼きこみが、つい強くなりがちなんです。これからは気をつけます」

以後、この種の問題に悩まされなかった。いつも機材の被写体に注意が払われ、もうクレームをつける必要はなかった。それまでにオリジナルネガから焼いた写真は、元にもどらなかったけれども、自分が気付くのが遅れたのが手落ちの原因だから、と観念した。

野中さんの夫人の悦子さんは、よきアシスタントだった。接客や作業のあれこれを、きちんとこなし、ほがらかでソツがない。写真ができ上がるまでの、話し相手をお願いしたのも数知れず。

凄腕（すごうで）のご主人は若いころにどこかで写真の諸々（もろもろ）を習って身に付け、夫人は見よう見まねで覚えたんだろう、と思いこんでいた。これがまったく逆で、写真の専門学校を出ているのは悦子さんの方だった。道理で、写真の用語はみな分かるし、手伝いの動作もスムーズなはずだ。すると野中さんは独学か。うーむ、まいった！ と恐れ入った。

ところが、本当にまいったのは、野中さんの店に通って七〜八年がすぎたころ。建物を新しく作り直し、スタジオ付きのりっぱな造りに変わって、まもなくだった。

例によって現像し終わった複写ネガを見ながら、必要なコマのホルダーにキャビネ、手札の焼き増しサイズを記入していた。そこへ、車いすの客が入ってきて、陳列商品をながめ始めた。私には初めての人だ。

すぐネガに目をもどしたとき、衝突音とガラスの割れる音が耳に響いた。後ろのショーウィンドウからだ。車いすがぶつかって、大判ガラスの左下がななめに割れている。「やった！」と驚いた。

　カウンターの中で私の相手をしていた野中さんは、すぐに車いすに近づき「大丈夫ですか？　ケガはありませんか？」とたずね、客の身体をチェックする。うろたえ、もごもご答える客は、さいわい無傷だった。

　一〇分ほど品物を見て、やがて野中さんの「またどうぞ」の声に送られて去っていった。当然、破損ガラスの弁済、修理問題が話し合われると思ったのに、そんな言葉はまったく聞こえなかった。

「ガラス、割れましたね」

「ケガがなくてよかった。不自由なお客さんだし、仕方ないですよ。ときどき来る人なんです」

　表情も話し声もふだんと変わらない。そして、その後はこの話題を口にしなかった。私も尋ねはしなかったが。

　その後もガラスは割れたままで、雑誌かパンフレットだかを立てかけて、破損を隠してあった。構造物としての強度上の問題はない部分と思われた。

　大判の分厚な一枚ガラス。単体でも、何万程度で購える代物ではなかろう。しかも新築早々の店がまえの重要部分だ。ふつうなら、事故の発生と同時に、驚きと狼狽、腹立ちに逆上して不思議はない。同じ事態に遭って、野中さんの口調や動作と等しい反応を示せる人が、どのくらいいるだろう。

私が店主だったら、とてもあんな冷静で穏やかな対応はとれまい。野中さんにとっては普段のふるまいの延長線上でも、忘れ得ざるシーンが自分の記憶に焼き付いた。

その後に引っ越して、手近の店で急場をしのぎはしても、大半は野中さんにDPEを頼んだ。電車で延々一時間半かけて赴くときもあれば、郵便で送る場合もあった。毎回、良好な仕上がりで、画像の濃淡をたくみに調節してあった。痛んだり、変色したりの、芳しからぬ状態の原写真の複写が少なくなかったが、「こうしてほしかったんだ!」と思わず口元がほころぶ仕事がなされていた。

雑誌の増刊で写真集を製作したときだ。多くのオリジナルネガを借りてきて、私ともう一人の解説者がそれぞれ懇意の店で紙焼き（写真の別称）を作り、一〇日後に持ちよった。編集室で同じコマからのキャビネ版同士をくらべたとき、もう一人が「あ、使うのは、こっちですね」とあっさり言った。彼が指さす私の写真は、主翼の影になった主脚と車輪の細部がちゃんと見える。別の方は黒くつぶれていた。それでいて、画面全体の濃淡に差がないのだ。どこまで、いかように焼くか、塩梅を見きわめた野中さんの判断、技倆と美的感覚が、公平に試されたひとときだった。私の才能評価は、買いかぶりでも一人よがりでもなかった。

店が閉じられたのは、二一世紀に入って一〇年ほどたったころ。デジカメとプリンターが幅をきかし、銀塩写真は趣味の世界にも残りにくい状況だった。現像液、定着液を一定量作っても、持ちこまれるモノクロネガはわずかばかり。印画紙も入手が容易でなくなった。そろそろ身体を休めたい気持ちに従ったのだろう。

私の文章に組みこまれた写真と、ロッカーのファイル群に納まった夥しい枚数の大半、それらの元になる一三五〇本のネガとベタ焼きは、野中さんの辣腕で現像され、印画紙に焼き付けられたものだ。もう過去になった三〇年余におよぶ取材の日々と合わせて、数多の画像が、忘れられない思い出を脳裡に形成し続ける。

●予想を超えた女性スタッフ

現在の住居に越してきて五年半。

野中さんは店を閉じ、私も航空関係の執筆を職業から趣味へと移したから、被取材者つまり証言者の高齢化とあいまって、新たなアルバムを借りて複写する機会はほぼ消滅した。

とはいえ、焼きもらしていたコマを紙焼きに作るとか、ときおり届く提供写真を複写する機会も生じて、懇意の店を持たない不便と不利を思い知らされた。もう銀塩写真をこなせるところが沿線になく、ネットではるかかなたの店をさがして郵便で送り、急場をしのいだ。頼めるレベルの腕前だったがあまりに遠く、緊急仕上げや面談を要するような臨機応変の処置は望めない。

おもにデジタル写真をあつかう店が、駅の近くにあった。デジカメで撮ったスナップのメう。

モリーからは、ちゃんと仕上がっていた。しかし、モノクロ・ネガフィルムからはどうだろ

試しで出したら、「まあ、こんなところかな」の出来上がり。ちょっと印刷物には使いにくい。デジタル用のカラー印画紙で、多少色が混じるのは少しもかまわないのだが。

念のため、もういちど発注したら、こんどはひどかった。まともに画像が出ておらず、硫酸紙をかぶせたようなネムい調子。細部は全面的につぶれて、順光なのにシルエットとしか思えず、国籍マークすら定かでない。

店長以外のスタッフはアルバイトで、ほとんどが女性だった。たぶん入りたての未熟な人が担当したのではないか。キャビネ判で三〇枚ほど指定したが、全滅である。出版社にわたせば、感性を疑われかねない水準。それでもクレーマーと思われたくないから、黙って引き取った。

モノクロフィルムの現像処理はフィルムメーカーに出すそうなので、それなら間違いはあるまいと店に預けた。二人が勤務中で、受け取った方の高旗加奈子さんは店長だった。そこで、つい「モノクロをうまく仕上げられる人、いませんか?」と問いかけると、「私でよければ。こんどは明後日の午後ここにいますから、お持ち下さい」と静かに事務的に返された。

その時刻に出向いて、試し用に約三〇コマを指定したネガをわたす。「これからかかりますので、明日の朝にはお受け取りになれます」。

翌日は高旗さんは不在で、別の女性からネガと写真をわたしてもらった。すぐに袋から出して見始め、二〜三枚でもう安心した。濃淡の調子はよく、細部もちゃんと出ている。これなら今後は心配ない、とホッとした。

理由を話して高旗さんの次の出勤日を聞き、その日に出向いて満足な気持ちを伝え、「みなさんがこんな腕だといいんですが」とよけいな言葉を加えた。「店の誰でもできますよ」の返事に、店長としてスタッフをかばっているのが感じられた。

以後、彼女の在店時に訪れて、ネガフィルムの写真を頼んだ。ときどき、トリミングや色調などについて、こちらの希望を伝えると、かんたんな返事があるだけで、聞き直さない。けれども次回に仕上がった写真を見ると、各々が間違いなく取り入れられ、飛行機や隊員が主体の画面処理はいちだんと向上しているのが分かった。

技術の確かさを示す好例がある。

以前に名人の野中さんがキャビネに焼いてくれていたのを忘れて、同じネガのコマを高旗さんにお願いした。でき上がってからそれに気づき、二枚をならべてみた。近くに一式戦闘機の側面が大きく配置され、人影と遠景の掩体がある画面。つぶさにくらべたが、なんと両者の調子はまったく同じだ。こうした面での女性の能力を低く見がちな、自分の至らなさを強烈に味わわされた。

デジタルのモノクロ記録写真もずいぶん預け、ほぼ全部がうれしい納得のできばえだった。

こちらの作業は機械による処理がメインなので、ネガフィルムの紙焼きの仕事ぶりほどには唸（うな）らされなかったけれども。

高旗さんには三年ほどお世話になった。しばらく写真の用事がなく、顔を出さないでいるうちに、同系列の他店へ移り、責任者の立場で勤務中と分かった。バスで行ける場所なので、そのうちに出向くつもりでいたら、やがて退職したと聞かされた。

長身でロングヘア。呑みこみが早く、男向きの画像の処理を淡々とたくみにこなす、若い敏腕女性。能力と気性の両面で、類似の人材を見たことがない。

高旗さんの他店異動とその後の退職を、教えてくれたのは伊東由香里さんだ。そのころ店で三年のキャリアだったという。

頼れる店員さんがいないのなら、自分がスキャナーを使ってネガフィルムをデジタル化し、インクジェット・プリンターと用紙で写真を作る手がある。しかし、それが印画紙のものに及ばないとの先入観が、つねに私につきまとう。また、写真をパソコンに取りこんでストックし、必要な画像を選んで編集部へ送る方法もとらない。印画紙に焼いた写真をならべて選ばないと、複数の画像のバランスと変化をつかめないからだ。早い話、ひとえに頭の堅さ、古さが原因に違いない。

私が写真を本や雑誌に使うことを、伊東さんは上司の高旗さんから聞かされ、配慮するよう指示を受けていた。やってくれると言われ、百数十枚分のメモリーをわたして、注意点を説明ののち帰ってきた。「一ヵ月かかってもＯＫ」と期限を気にしないように伝えて。

何日かして、作業の調子を聞くために、教えられていた彼女の出勤日に店へ電話した。「作業は考えながら、順調に進めていますよ」。やわらかな言葉に続いて、「これからの私の出勤日と時間帯をお知らせします」と話し、月末まで半月分のスケジュールを聞かせてくれた。

ストーカー被害を警戒して、スタッフの出勤状況は教えないのがふつうだ。この店では私の正体（?）をいくらか知っていて、次の出勤日を知らせてくれる場合と、頭から「分かりません」と断わられる場合とがあった。

出勤予定と緊急連絡法をてきぱき話す伊東さんの声に、三八年前のできごとが脳裡(のうり)に浮かんできた。

だれでも名を知る青年向け週刊誌が、パリ航空ショーのカラーグラビアを企画して、雑誌社を辞めフリーランサーになったばかりの私に連絡してきた。

神田神保町のビルで会った担当の山田和夫さんが、八〇枚ほどのリバーサル写真（スライド写真）を用意して、空室へ案内した。

「届いたばかりです。これで五ページ作るから、選択と解説をお願いします」

こう言われて、すぐにチェックにかかり、三〇～四〇分で少しよぶんに選んで、ざっと画像の説明をする。「ミラージュ」２０００や「コンコルド」のフランス機をはじめ、「ジャガー」、A－10、YC－14、それにIA－58「プカラ」もあった。

「分かりました」。要点を把握した山田さんは「じゃ、使うのはこれとこれと……」と掲載写真を決めて、「三日間でキャプションできますか。会社へは名刺の電話にかけて下さい。いなければ、これ自宅のです」。わたされた紙片に、別の番号が記してあった。

「何時でも、夜中でもかまいません。どんなことでも、引っかかったら電話をいただけませんか」

編集部員当時に出会った、よその雑誌編集者や新聞記者のなかに、山田さんほど歯切れのいい人間はいなかった。のちに知ったことだが、高い倍率の試験を受けて入ってくるこの社の多くの編集者と違い、彼はアルバイトから正規社員に採用の第一号だったそうだ。確かに、それだけの人物だった。

一ヵ月半のちに、こんどはイギリスの航空ショーのグラビアを依頼された。要領が分かったから、前と同じ部屋に座って、三ページ分の写真解説を二時間あまりで書き終わったとき、「こんな仕事がまたあったら、この人に頼んでください」と知人の連絡先のメモをわたした。雑誌社を辞めたのに、同じような作業はしたくなかったのだ。私にとっては高額な原稿料は、少し惜しかったけれども。

彼がその後まもなくバイクの交通事故で亡くなったことを、二〇年以上たってから教えられた。

立場も状況もまったく違うが、先を見越した伊東さんの対応が、山田さんの言動を思い出させた。彼女は依頼した私の不安を消すため、いつでも電話でようすを尋ねられるように、出勤日を告げてくれたのだ。

メモリーから起こしてもらった写真はすべて問題なし、望みどおりの仕上がりだった。これを告げると、ひかえめに「だいぶ以前に別の写真店で、五年間働いていました」と説明され、対応と技倆(ぎりょう)の周到さに納得がいった。銀塩写真を機械で処理する業務だったそうだ。

その後、短編に使うB－29の写真を一枚、紙焼きにし忘れたのが分かった。運よく伊東さんが出勤している時間だったので、フィルムを持っていって頼み、近所を散歩して時間をすごす。やがてふたたび窓口に行き、手わたされたキャビネの画像に満足して、すぐ雑誌社へ郵送する封筒に入れた。

高旗さんの代役を見つけてホッとしたのも束(つか)の間(ま)、伊東さんは勤務スケジュールをこなしにくくなって、二ヵ月後に退職した。

いろんな要素を考えれば、私の仕事用の写真はいつも、よき人々に支えられてきた。記述と違って自分の手が及びかねる部分だから、感謝のほかはない。現在も、新たに知ったスタッフからちゃんと恩恵を得られている。よほど巡り合わせがいいのだろう。

＊

この短篇集の各篇は、以前に他の文庫に収録していた作品が五篇、月刊誌から初めて文庫に移したのが四篇で、前者のうち一部には追加原稿を足してある。あとがきを含めば、文庫としてのオリジナル度は五〇パーセントを占めるだろう。

加筆、改稿などで手がかかる拙作が、藤井利郎さん、小野塚康弘さんの行き届いた編集と冷静なチェックとで、手抜かりなく刊行にこぎつけられたのを感謝している。

二〇一六年九月

渡辺洋二

NF文庫

倒す空、傷つく空

二〇一六年十月十五日　印刷
二〇一六年十月二十一日　発行

著　者　渡辺洋二
発行者　高城直一

発行所　株式会社　潮書房光人社
〒102-0073　東京都千代田区九段北一-九-十一
振替／〇〇一七〇-六-五四六九三
電話／〇三-三二六五-一八六四代
印刷所　モリモト印刷株式会社
製本所　東　京　美　術　紙　工
定価はカバーに表示してあります
乱丁・落丁のものはお取りかえ
致します。本文は中性紙を使用

ISBN978-4-7698-2970-6　C0195
http://www.kojinsha.co.jp

NF文庫

刊行のことば

第二次世界大戦の戦火が熄んで五〇年——その間、小社は夥しい数の戦争の記録を渉猟し、発掘し、常に公正なる立場を貫いて書誌とし、大方の絶讃を博して今日に及ぶが、その源は、散華された世代への熱き思い入れであり、同時に、その記録を誌して平和の礎とし、後世に伝えんとするにある。

　小社の出版物は、戦記、伝記、文学、エッセイ、写真集、その他、すでに一、〇〇〇点を越え、加えて戦後五〇年になんなんとするを契機として、「光人社NF（ノンフィクション）文庫」を創刊して、読者諸賢の熱烈要望におこたえする次第である。人生のバイブルとして、心弱きときの活性の糧として、散華の世代からの感動の肉声に、あなたもぜひ、耳を傾けて下さい。

＊潮書房光人社が贈る勇気と感動を伝える人生のバイブル＊

NF文庫

少年飛行兵物語　海軍乙種飛行予科練習生の回想

門奈鷹一郎

海軍航空の中核として、つねに最前線で戦った海の若鷲たちはいかに鍛えられたのか。少年兵の哀歓を描くイラスト。エッセイ。

海軍戦闘機列伝　搭乗員と技術者が綴る開発と戦闘の全貌

横山保ほか

私たちは名機をこうして設計開発運用した！　技術と鍛錬により青春のすべてを傾注して戦った精鋭搭乗員と技術者たちの証言。

昭和天皇に背いた伏見宮元帥　軍令部総長の失敗

生出　寿

不戦への道を模索する条約派と対英米戦に向かう艦隊派の対立。軍令部総長伏見宮と東郷元帥に、昭和の海軍は翻弄されたのか。

真珠湾攻撃隊長　淵田美津雄　世紀の奇襲を成功させた名指揮官

星　亮一

真珠湾作戦の飛行機隊を率い、アメリカ太平洋艦隊に大打撃を与えた伝説の指揮官・淵田美津雄の波瀾の生涯を活写した感動作。

新兵器・新戦術出現！　時代を切り開く転換の発想

三野正洋

独創力が歴史を変えた！　戦争の世紀、二〇世紀に現われた兵器と戦術——性能や戦果、興亡の歴史を徹底分析した新・戦争論。

写真　太平洋戦争　全10巻　〈全巻完結〉

「丸」編集部編

日米の戦闘を綴る激動の写真昭和史——雑誌「丸」が四十数年にわたって収集した極秘フィルムで構築した太平洋戦争の全記録。

＊潮書房光人社が贈る勇気と感動を伝える人生のバイブル＊

ＮＦ文庫

敵機に照準　弾道が空を裂く
渡辺洋二
過たぬ照準が命中と破壊をもたらし、敵戦力の減耗が戦況の優勢につながる。陸海軍航空部隊の錬磨と努力の実情を描く感動作。

戦艦「大和」機銃員の戦い　証言・昭和の戦争
小林昌信ほか
名もなき兵士たちの血と涙の戦争記録！　大和、陸奥、加賀、瑞鶴——一市井の人々が体験した戦場の実態を綴る戦艦空母戦記。

軽巡「名取」短艇隊物語　生還を果たした乗組員たちの周辺
松永市郎
海軍の常識を覆した男たちの不屈の闘志——先任将校の下、六〇〇キロの洋上を漕ぎ進み生き残った「名取」乗員たちの人間物語。

悲劇の提督 伊藤整一　戦艦「大和」に殉じた至誠の人
星　亮一
海軍きっての知性派と目されながら、太平洋戦争末期に無謀とも評された水上特攻艦隊を率いて死地に赴いた悲運の提督の苦悩。

血盟団事件　井上日召の生涯
岡村　青
昭和初期の疲弊した農村の状況、政党財閥特権階級の腐敗堕落。昭和維新を叫んだ暗殺者たちへの大衆が見せた共感とはなにか。

敷設艦 工作艦 給油艦 病院船　表舞台には登場しない秘めたる艦船
大内建二
隠密行動を旨とし、機雷の設置を担った敷設艦など人知れず重要な位置づけにあった日本海軍の特異な艦船を図版と写真で詳解。